宝宝篇·妈妈篇

主编 方远笑

BAOBAOPIAN MAMAPIAN

全能妈妈育儿妙招

妈咪好宝贝

济南出版社

图书在版编目（CIP）数据

妈咪好宝贝：全能妈妈育儿妙招／方远笑主编. —
济南：济南出版社，2012.12
　ISBN 978－7－5488－0675－2

　Ⅰ.①妈… Ⅱ.①方… Ⅲ.①婴幼儿—哺育—基本知
识 Ⅳ.①TS976.31

　中国版本图书馆 CIP 数据核字（2013）第 001739 号

出版发行	济南出版社
地　　址	济南市二环南路 1 号（250002）
网　　址	www.jnpub.com
印　　刷	济南景升印业有限公司
版　　次	2013 年 1 月第 1 版
印　　次	2013 年 1 月第 1 次印刷
开　　本	170×240　1/16
印　　张	13
字　　数	160 千
定　　价	28.00 元

法律维权　0531－82600329

（济南版图书，如有印装错误，可随时调换）

编 委 会

主 编 方远笑

编 委 丁 瑜 付 荣 杜 鹏 李 琳

顾 问 徐 明（中国关心下一代工作委员会中华育婴协会专家委员会副
　　　　　　主任、中国全脑教育协会特邀专家）

　　　　周 涛（济南市圆博培训学校校长、国际蒙台梭利教育讲师、美
　　　　　　国蒙台梭利学会注册教师（3~6岁）、劳动部适性发展
　　　　　　教育咨询师）

　　　　孙毅朋（济南市圆博幼儿园园长、国际蒙台梭利教育讲师、美国
　　　　　　蒙台梭利学会注册教师（0~3岁）、国家二级心理咨询
　　　　　　师）

　　　　李 燕（山东省预防医学会儿童保健分会副主任委员、山东省预
　　　　　　防医学会微量元素与健康分会副主任委员、山东大学副
　　　　　　教授、山东省千佛山医院儿童保健科主任）

　　　　张 莉（山东省预防医学会儿童保健分会青年委员会委员、山东
　　　　　　省千佛山医院儿童保健科主任医师）

目　　录

宝 宝 篇

教　育

情 商

运动与训练

喂养与护理

健　康

妈 妈 篇

宝宝篇
BAOBAOPIAN

教育

1. 为什么说3岁看老?

对0～3岁的孩子,家长关注比较多的是孩子的营养、健康问题,但是往往会忽视孩子早期的成长教育,也就是能力的开发。其实,3岁看到老、3岁扎下八十之根,这些古语都是非常有科学道理的。因为纵观人的一生,在3周岁之内身体各方面生长发育是最快的,其中最快的还是大脑。人之所以有思维、有情绪、有各种能力,都是源于大脑的功能,而大脑的发育在1周岁之内完成了60%,3周岁之内已经完成了90%。另外,孩子各种习惯的养成也是在这个年龄段。所以,我们家长一定要注重孩子0～3岁的早期教育。

2. 早期教育到底是指什么?

早期教育主要指的是0～6岁孩子、更重要的是0～3岁孩子的教育。这种教育的实质不是教会孩子计算、识字、背诗,而是要开发孩子的潜能。

孩子的早期教育应该包括以下内容:第一,关注孩子生理方面的问题,也就是生长发育、营养、健康,这通常是家长不会忽视的问题。第二,关注孩子的潜能开发。3岁之内正是孩子生长发育的关键期,生理、心理在这个阶段都是人一生中发育最快的阶段,家长应该利用生活的环境来干预、刺激、帮助孩子开发各方面的能力。第三,习惯的培养和性格的养成。孩子人格、性格、情感、气质和良好的习惯也是在这个年龄段

培养的，这一点非常关键，家长千马不要忽视了。

3. 为什么要关注孩子的心理？

　　心理是看不见、摸不着的东西。一提到孩子的心理，大家往往会认为是一种不正常的状态，好像是这个孩子的行为或者语言上、情感上发生了问题。实际上，心理是一个过程。比如我们看东西、听声音，记忆、思维、观察等，都是心理活动。孩子出生之后，除了身体在发育，同时他的心理也在发展。这种心理的发展是建立在神经和大脑发展基础之上的。因此，在日常生活中，家长应该加强对孩子心理方面的关注。

4. 0~3 岁孩子生长发育的规律是什么？

　　0~3 岁是人成长很重要的年龄段。这个年龄段孩子的生理和心理的生长发育特点和规律有两点：一是连续性的，就是孩子每一天都在生长发育。二是阶段性的，如孩子三翻、六坐、八爬、十二个月会挪。这种阶段性的特点是一般规律，其实每一个孩子情况都不一样。训练干预早的孩子四五个月就会爬，有的孩子要到一岁才会爬，因而阶段性中又有个性化。孩子的生长发育是从上往下发育的，先长头，孩子一出生头占身体的四分之一，说明大脑长得最快。动作方面从粗到细，先有大动作然后才有精细动作。孩子从能发音到逐渐会说话，也是从简单到复杂、循序渐进的。了解了孩子生长发育的特点，家长就知道该怎么养育孩子了。

5. 刚出生的孩子是怎么学习的？

　　孩子出生之后是通过他的感觉和运动来学习的，而这种学习是在家长的引导下进行的。以孩子说话为例，有的家长会说孩子到一岁半两岁自然会说了，一出生就教他有什么用？实际上孩子学说话首先是靠听觉。除了听觉，他还有发音器官，能嗯、啊、咿、呀地发音。刚刚降生的孩子大脑一片空白，家长给他什么信息，他就摄入、储存什么信息，孩子到一岁半、两岁的时候，自然就能开口说话了，而且他说话的水平是家长意想不到的。有些家长反映自己的孩子说话晚，主要原因就在于早期的刺激不足、不够。

6. 除了每周一次的早教课还能给孩子做些什么？

每周一次的早教课对于孩子来说是远远不够的。去早教机构上课，很多孩子在一块儿，对培养孩子适应性、与人交往能力很有好处，但是家长千万不要认为只要把孩子送到早教机构就不用管他了。早教机构是一两个老师带着几个孩子，每个孩子自身的能力和成长的环境不一样，发展情况各不相同，所以早教老师的教育并不能使所有的孩子都能够受益。

0~3岁孩子早期的成长干预应该是在家中由家长伴随的，而不是单纯靠去早教机构。家长们可以去参加培训，把方法学到手，在家里随时都可以对孩子进行培养教育，然后再定期到亲子园去上课，给孩子这种社会的、与人交往的大环境，这样结合起来就比单纯去亲子园活动好多了。

7. 孩子刚生下来那么小，家长有必要和他交流吗？

很多家长都觉得刚出生的孩子除了吃就是睡，要么就是拉、尿，什么都不懂，跟他说什么呀，等他长大学说话的时候再跟他说吧。还有一些家长在孩子小的时候觉得没必要给孩子讲什么道理，包括他撒娇、任性都是很正常的，大了就好了。其实早期尤其是孩子刚出生的时候，跟他进行交流，无论是视觉的、听觉的、语言的或者是皮肤的，让他去看、去听、去摸、去运动，对孩子都是一种很好的刺激。给他丰富的信息刺激，他就会把这些信息储存在大脑里。人的大脑就像一台特别精密的计算机，所有的信息都可以存起来，等用的时候拿出来就能用。

8. 妈妈和新生儿怎样交流才能增强他的安全感?

妈妈要和刚出生的孩子多进行语言上的交流,这样能让孩子建立很强的安全感。举例子来说,孩子突然哭了,妈妈就可以跟宝宝分享你的感受:"哦,宝宝难受了?到底哪里不舒服啊?我看看小屁股这里湿了吗?是不是尿了啊?"其实有时候我们是这么做了,但是我们没有用语言表述出来,这样就缺少了一个和婴儿沟通的渠道。

安全感的建立还有一个很重要的因素,就是母亲与孩子裸体接触。当母亲和孩子在一起的时候,比如说一起洗澡,然后让孩子多接触妈妈的皮肤、妈妈的肢体,孩子在这个过程中,就会产生安全感。

9. 孩子的语言发展和身体发育有关系吗?

单从时间上来说,孩子的语言发展和身体发育是相反的,腿快的孩子嘴要慢一些,嘴快的孩子腿要慢一些。所以,家长一定要分成两部分训练孩子,孩子出生以后妈妈应该尽快跟孩子说话,多跟孩子交流,见到什么说什么,什么内容都可以给孩子讲。从爬行到站立行走到开始说话,对于孩子来说,这一阶段进行语言的熏陶是连贯的。因此,语言发展和身体发育两个时间段,家长对孩子要分别进行不同的训练。

10. 妈妈和孩子之间的语言交流应该注意什么?

建议妈妈们在孩子生下来之后,就可以开始和孩子进行语言的交流。首先注意一定要有表情地跟孩子讲话,用非常关爱的眼神跟孩子讲。比如孩子在吃母乳的时候,妈妈可以说:"小宝

贝，你的眼睛真漂亮。"宝宝听明白了，就会很愉悦。如果家长这一阶段不注意和孩子多讲话、多交流，将来孩子说话就会晚。其次还要强调一点，在跟孩子说话的时候，一定要口齿清楚、表达准确，使用完整规范的语言。比如说看见了车，就说是车，不要说是车车，或者嘀嘀。所谓完整规范的语言，就是说要有主语、谓语，该有的形容词、动词都要有，这样家长在和孩子说话的过程中，传递给孩子的不仅仅是词汇，同时还包括语法，孩子以后开口说话的时候，语言就会完整规范。

11. 除了语言之外，父母还可以和小宝宝交流什么？

父母和孩子之间的交流除了语言之外，还有眼神、表情。尤其是妈妈喂奶的时候，看着孩子在那儿吃奶，那种幸福感油然而生，是自然地流露出来的。这时母子视线的交流就是一种感情的交流。再就是皮肤接触，尤其是在孩子洗澡或睡觉的时候摸着他滑溜溜的小脸蛋或者屁股，这都是交流的方式。除此之外，感情交流非常重要。如果妈妈身体不好或者乳腺不好或者有其他的原因不能喂奶时，再就是很多家庭可能有 24 小时的育婴师，自己不带孩子睡觉，那就更要注意感情的交流。在孩子小的时候家长如果忽视了和孩子之间的交流，孩子大了就有可能产生一些问题。

12. 妈妈要去上班，孩子不让出门怎么办？

妈妈要上班或者要出门办事，孩子正在一边玩着呢，怎么办？很多家长会悄悄地溜走。孩子发现妈妈不在身边了，家人就会编一个理由如妈妈倒垃圾去了以哄骗孩子。几次之后，妈妈会发现孩子反而越来越黏人了，一时看不见妈妈就会哭。原因是妈妈的做法不妥，没告诉宝宝妈妈去干什么了。妈妈不在身边，孩子会很委屈，会想妈妈是不是不要我了，就会有一种不安全的感觉。

建议妈妈出门之前一定要告诉宝宝自己干什么去了，还会回来

的。如："宝宝，妈妈去上班了，下午就回来，你在家和姥姥玩。"多实践几次，妈妈会发现宝宝的表现越来越好了，妈妈走时他不哭、回来也不闹，因为他知道妈妈去干什么了，知道妈妈一定会回来，妈妈不是不要他了。

13. 建立早期亲子依恋关系很重要吗？

孩子在很小的时候对母亲会有一种深深的依恋，这种亲子依恋关系建立得好不好，对孩子将来的发育是很重要的。很多孩子 3 岁之前妈妈不带着睡觉或者工作忙送给老人带，可能觉得孩子小的时候反正什么也不懂，让老人帮忙看着，等到孩子大了该上幼儿园也懂事了，这时候孩子也好说、好聊、好培养感情了。其实这时候已经耽误了，尤其是孩子早期的时候和妈妈之间亲子依恋关系建立得不是很好的话，他的不安全感可能会贯穿终生。当他成人之后，不管是在婚姻还是恋爱或者其他的情况下，他都会感到没有安全感。孩子可能不表达或者别人看不出来，但是在他的内心深处，的的确确有这种不安全感。

14. 怎样引导孩子玩玩具？

1 岁之内的孩子，因为视觉、触觉需要得到充分的满足，所以在孩子的活动区域里玩具可以放得随处可见。1 岁以后的孩子玩具就要分类放了，可以根据妈妈的喜好，也可以根据宝宝的需求经常变换。如，根据颜色来分，把宝宝所有的玩具按颜色分开；或根据材质来分，塑料的、木质的、毛绒的玩具可以分开放。每次玩的时候拿出一个箱子，大多数情况下孩子喜欢哗一下倒在地上去玩儿，这个动作其实可以刺激孩子，因为小孩子喜欢听那种哗哗的声音。如果家长想对孩子做一个精细动作的训练，就可以要求孩子拿出一样玩完了放回去，再拿另一样。家长陪孩子玩的时候要有目的性，要设置一些环节满足孩子，激发其兴趣。

15. 7个月的孩子总喜欢玩同一个游戏好不好？

这是一种非常正常的重复式的学习模式。所有孩子的学习模式都是重复式的，但是很多家长、很多老师却都愿意给孩子新的东西，感觉给孩子的东西越多越丰富，他学到的知识就越多，实际上这是不符合孩子的学习模式的。比如说孩子看书，今天看小白兔，明天肯定还看小白兔，大人就会说，咱换一本吧，再换一本新的吧，我会教你新的东西、新的知识。这就违背了孩子的学习模式。我们要尊重孩子这种重复式的学习模式，要认识它，并遵循它，不要天天给孩子更换新的内容。

16. 快8个月的孩子对声音特别敏感好不好？

孩子对声音敏感是一件好事，如果孩子对外界声音没有任何反应，那才是令人担忧的事。聪明，从某种意义上说就是耳聪目明。耳聪，就是听觉灵敏；目明，就是视觉敏锐。一个孩子在成长的过程中，如果对外界信息听得清楚、看得分明，那就说明他的学习能力的形成和提升具有了最主要的生理基础。当然，为了孩子能够吃好睡好、不受干扰，在他吃奶、睡觉的时候，家长应该创造条件，使孩子周围的环境尽量安静一些。

17. 孩子9个月了，脾气很大很任性怎么办？

如果现在不注意，将来孩子的脾气会更大。家长可以这样做，孩子想要一种东西，不给他的话，家长一定要转移他的注意力，先引导孩子把注意力集中在别的地方或者别的玩具上。如果孩子非得要才行的话，家长一定要注意延迟时间满足他，不要孩子要什么立刻满足他，要延迟一会儿。有的孩子过一会儿又想起来了，还是要某种东西，其实这时候家长已经通过转移注意力的方法，达到延迟满足的目的了。需要注意的是，延迟满足的办法不是说试一下就成功了，家长得坚持，多次重复才能见效。

18. 10 个多月的男孩，全家人都围着他转好不好？

10 个多月的孩子，尤其是男孩，全家人都围着他转是不好的。男孩子长大了要像爸爸一样承担家庭的责任和社会的责任，所以我们从小就要培养孩子的责任意识。平时妈妈要有意识地把东西先分给奶奶、爷爷，然后是爸爸、妈妈，最后是孩子，教孩子学会分享。而现在家长往往都把好吃的先给孩子，这是不对的。我们爱孩子应该是做出来的，而不是说出来的，如果家长说太多，反而容易给孩子造成压力。

19. 10 个月的孩子发脾气的时候，家长应该怎么办？

这种情况下，大声呵斥肯定不管用，讲道理他也听不懂，这两个办法肯定都不行。这时，家长可以采取转移孩子注意力的方法。比如说，他闹的时候，你说："哎呀，一只鸟来了，这只鸟这么好看，跑这儿去了，跑那儿去了……"这样马上就把孩子的注意力引到别的地方去了，孩子会顺着你的声音找这个东西，他就把刚才的事给忘了。

20. 1 岁左右的孩子大概处在什么样的敏感期？

1 岁的孩子刚会走，是自我意识萌生的敏感期。这之前孩子要去哪里不能自己作主，现在是他去哪里妈妈跟着。所以，这时候孩子很喜欢通过自己活动，如扔东西，看到你给他捡、看到你的表情；把桌子上的东西全弄到地上，听哗啦啦的声音，看家长的表情，看东西掉下的结果。这都是孩子探索的过程。从这个时候开始，妈妈要给孩子提供一个丰富的探索环境，同时培养孩子的专注力。专注力的培养要依靠小手的动作来完成，要充分满足孩子的小手拿东西的需要，让孩子多接触各种各样的物体，有目的地训练孩子小手的能力，如移动、塞、镶嵌、拧、绕、捡等动作。这种有规律、有目的地训练，孩子专注力的培养也会非常轻松。

21. 一岁多的宝宝晚上睡觉前总爱把枕头、被子往地上扔怎么办？

一岁多的孩子不太会表达，把枕头、被子扔掉，其实是想告诉家长我不想睡觉。这可能因为爸爸、妈妈下班回来跟孩子在一起相处的时间是他一天当中最期盼、最快乐的时间。再就是很多家长在孩子睡觉之前跟孩子玩的游戏都比较让人兴奋，像藏猫猫、举高高，再让孩子睡觉他肯定睡不着。如果想让孩子睡觉，家长应该在睡前半个小时开始做准备工作，给孩子创设一个睡眠环境，如，灯光调得暗一些，也可以放一些催眠的音乐。另外，还可以先陪着孩子在床上躺下睡着，等孩子睡着了然后再起来做自己的事情。孩子的习惯是慢慢养成的，养成之后就应该坚持下去。

22. 1 岁的孩子特别喜欢扔东西是怎么回事？

扔东西是孩子非常敏感、非常重要的动作，是这个时期的正常行为。如果锻炼得当，孩子的准确度、手眼协调性就可以得到提高。所以孩子扔东西时家长不要制止，而要引导。如可以把一个呼啦圈放到地上，告诉宝宝"扔到这个圈里面"；也可以和孩子一起扔，就是让孩子无意识的

动作转为有目的、有意识的训练；还可以给他准备一个整理箱，让孩子把东西扔到箱子里；或在墙上贴一个大灰狼，把袜子卷成球，告诉孩子去打这个大灰狼，这样还锻炼孩子平行或向下、向上有目标投掷的能力。

23. 1 岁 4 个月的宝宝出门后不爱说笑是内向吗？

家长说的"内向"其实就是指的内倾型性格，是丰富的性格世界中的一类。虽然我们都希望把孩子培养得活泼开朗一些，但孩子

的性格形成毕竟不能由家长完全左右。即便孩子真的具有内倾型性格，家长也不必紧张。这种性格的人，在人际交流方面会有欠缺，但其为人沉静稳重，也是一种性格长处。仅仅根据宝宝出门后不爱说笑这一点，是不能得出孩子"内向"这一结论的。婴幼儿在家时间长了，外出时遇到陌生面孔、听到不熟悉的声音，会感到不适应。以后家长要经常带孩子到户外活动，孩子就会慢慢适应的。需要提醒家长的是，孩子这种状况的改善需要时间，不能心急，不能因为一时不能主动叫人而表现出不耐烦的神情，以免孩子更加紧张和怯生。

24. 1岁4个半月的宝宝老吃手，还抓着东西就往嘴里放，该怎么办？

首先，家长要明白小孩子从一出生就会吃手，吃手是一种学习、一种感受，所以2周岁之内的孩子吃手是正常的，有时候还会抓着东西就往嘴里放。面对这种情况，家长不用着急，应该排除两方面的问题：一是了解孩子有没有饥饿感，如果孩子没吃饱的话，也会吃手或乱拿东西往嘴里搁。第二是孩子在成长过程中缺乏微量元素锌，也会吃手，主要是啃手指甲。排除这两个原因后，对于孩子吃手的问题家长不要着急，更不要呵斥，但要注意三点：首先要注意安全，不要让孩子拿小的、硬的、危险的东西往嘴里搁。其次要注意卫生，做好玩具等东西的清洁工作。第三是可以向专业人士求助。

25. 孩子1岁半了说话还不好，原因何在？

如果了解了孩子语言发展的规律，我们就会知道，孩子一出生就和他说话的重要性了。孩子一出生会哭，会发一些声音，这就是语言前期。到了五六个月的时候，如果妈妈问孩子电灯在哪里，孩子一定会去看电灯的；妈妈说电视机在哪里，孩子就会去找电视机。这说明什么？这就说明孩子对词汇的理解。词汇是语言的组成部分，孩子不一定非要会说，如果我们在早期开发了孩子的发音和理解能力，这都是表达性语言（说话）前期的铺垫。有了这个基础，到了语言关键年龄段（1～2岁的时候），孩子的语言表达就能流畅、完整了。孩子在1～2岁的语言关键期如果没有较满意的语言表达能力，语言的发育晚，有可能就是前期刺激不够造成的。

26. 孩子1岁8个月了，总爱咬人是怎么回事？

这种情况首先要了解这个小朋友的生理上有没有问题，因为这个阶段牙齿应该都已经长出来了，看看是不是牙龈有不舒服的情况。如果排除这个问题，原因可能是小朋友在跟其他人玩的时候经历过被咬的事情，孩子也会用同样的方式和别人交往。如果也排除了这个原因，那家长就应该慢慢地教给孩子和他人交往的方式。比如，家长可以告诉孩子见到小朋友以后说："你好！"而且要看着小朋友的眼睛。总之，应该用正确的方式、方法和孩子进行交流。

27. 宝宝1岁8个月了，无论教他喊谁他都会喊成妈妈，是何原因？

孩子接触的生活细节促成了他说话早或晚，包括先说哪个词，后说哪个词。带孩子的人是否擅长语言表达，对孩子说话早晚有一定影响。另外，男孩子说话比女孩子晚。即便是同龄的孩子，说话早晚也有个体差异，这不代表孩子有问题。这个宝宝已经会喊妈妈了，说明他语言表达、听觉没有问题，身体方面不用担心。另一方面需要调整的是，看护人也要多和孩子交流。有时候大人虽然已经懂了他要什么，还是要问他："告诉爷爷、奶奶，你到底要什么？"让他用语言表达想法，帮他把语言功能开发出来。

28. 孩子1岁9个月了，总喜欢抢别人的东西该怎么办？

这个问题比较常见。首先这时候孩子处于"占有的敏感期"，我的东西是我的，别人的东西也是我的。还有一点是孩子喜欢模仿，别人玩的东西都是最好玩的东西，别人玩这个东西他想重复、模仿

这个动作，是这个月龄决定了他有这些行为，所以家长要理解孩子。第一，从现在开始在家里跟孩子学习分类，先认识你的、我的、他的。如，把家里三个人的袜子找出来，两两配对，学习配对分类；准备三个小筐子，把爸爸、妈妈、宝宝的袜子放在不同的筐里。通过分类，孩子会逐渐建立一个概念，即我的东西是我的，这个是爸爸的，那个是妈妈的，这个是其他人的。再出去玩的时候，如果大人跟孩子说这不是你的，这是小朋友的，他才会有这种概念。

29. 宝宝1岁9个月了，总爱抱着妈妈的睡衣睡觉，是"恋物癖"的表现吗？

家长如果说孩子这是"恋物癖"，感觉有点儿太严重了。当然，抱着妈妈的睡衣睡觉是一种不好的习惯，这种习惯由孩子对妈妈的

亲近、依恋而产生，由成人的不当行为而形成，因为孩子的很多习惯是家长培养出来的。在一般情况下，这一类习惯会随着孩子的长大而渐渐消失。孩子越小，习惯的改变越容易，而转移注意力是一个值得借鉴的好方法，同时建议多关注孩子安全感的建立。

30. 孩子快2岁了，出门总是认生、胆怯，是何原因？

原因一是来自未知的恐惧，因为孩子不知道妈妈要带他去什么地方，会感到不安全，就像成年人进入一个陌生环境一样。建议家长提前告诉孩子：我们要去什么地方，妈妈会陪着你，让孩子做到心中有数。孩子到陌生环境紧张、害羞，还可能是因为他不懂得怎

么去跟别人交往。家长可以告诉孩子：一会见到的那个人是妈妈的同事，你只需要很友好地说"阿姨，你好"，你就会发现周围的人都很喜欢你。另外，有的孩子见到同龄的孩子也会紧张、害羞，这种情况说明孩子之前曾遭遇过挫折，比如，有的小朋友拒绝他，不跟他玩。这说明孩子缺乏交朋友的方法和技巧，需要家长教给孩子如何跟同龄小朋友相处的方法和技巧。

31. 奶奶看大的宝宝和妈妈不亲怎么办？

孩子不愿意和妈妈在一起，是他从小就建立了一份不安全感，那种被遗弃的感觉就引发了一种怨恨，因为这种怨恨而把心门给关闭了。妈妈要先接受当下孩子对自己的不亲近，然后用我们的行动，哪怕是一份沉默的陪伴，让孩子先打开这个心门，再让孩子表达出他的怨恨，让他先说出来，我们耐心地接受他的释放，像倒垃圾一样让孩子"倒掉"负面情绪。没有哪一个孩子不爱妈妈，也没有哪一个孩子不爱爸爸。之后他会把自己的心门打开，接纳爸爸、妈妈对他的爱，只是需要些时间而已。

32. 宝宝 2 岁，最近很黏妈妈该怎么办？

黏妈妈是依恋的表现，2 岁后黏妈妈现象会逐渐改善。解决的办法是：一、妈妈要离开时，告诉孩子什么时候回来，并且一定要按时回来。回来时，和孩子亲热打招呼，可以使孩子对你产生信任感，知道你一定会回来。二、拓宽孩子的接触面，经常带孩子参与一些户外活动，带孩子去朋友、邻居家走走，让孩子熟识更多的人，学会和其他小朋友玩。经过这些努力，孩子黏妈妈现象就能逐渐克服了。

33. 女儿 2 岁多，比较内向，怎么办？

宝宝内向，这是先天气质的一种表现。内向表现为对新事物和

人以及环境适应慢并有回避的现象。这种先天气质可以通过后天的训练加以改变，使孩子更好地适应环境。

解决的方法是，在她接触新事物前做好准备，给孩子适当的时间适应，可以提前向她解释马上要去做的事情："今天，带你去上早教课，那里有很多小朋友，还有很多玩具，你可以和小朋友一起玩。你想去看看吗？感兴趣的话，就留在那玩。如果没兴趣，过一会儿妈妈可以带你回家。"如果孩子看见小朋友玩，不愿参加，只在旁边看，也允许孩子这样做。看几次孩子熟悉了，就会去参加了。内向的孩子不善于和其他小朋友交往，表现羞怯，父母要少批评多鼓励。

34. 听说 2 岁左右的孩子有个"秩序敏感期"，是怎么回事？

2 岁左右的孩子有一个敏感期叫"完美主义敏感期"，或者叫"秩序敏感期"，在这个时期，他们的很多行为是跟自己过不去的，这是一个非常正常的表现。比如，吃饭的时候妈妈坐在孩子的左边，爸爸坐在右边，如果今天爸爸妈妈坐错了位子，孩子就会非常痛苦，然后开始哭闹，但孩子自己也不能解释为什么会有这种感觉。其实，这就是 2 岁左右的孩子一个明显的特征，家长要理解孩子。孩子 2 岁之后希望很多事情都由自己做决定，那么，家长就鼓励孩子这么做吧。

35. 孩子 2 岁半了，不喜欢刷牙该怎么办？

这种情况应该先分析孩子究竟能不能自己独立刷牙，如果能力达不到，可以通过合作的方式进行。比如，爸爸可以拿着自己的牙刷，告诉孩子：我们一起刷牙吧。如果孩子可以独立刷，只是因为不想刷牙，家长可以说：如果你自己刷牙，晚上爸爸给你讲故事听，引导孩子学会独立刷牙。

36. 孩子 2 岁多了，喜欢在墙上乱涂乱画却不承认该怎么办？

这个时候家长没有必要讲太多，可以直接跟孩子说："宝贝，墙上的画是你画的，去拿抹布把它擦干净。"孩子这个时候会发现，自己做错事情只需要为这个行为负责就行了。如果以后孩子再遇到类似的事情，他就会主动承认了。

37. 2岁7个月的孩子平时太任性怎么纠正？

这种情况的出现，是与家长在跟孩子打交道的过程中一直是孩子要什么给什么分不开的。家长和孩子之间的这种关系已经形成了，也就是孩子提出什么问题来家长一直立即满足，并且孩子觉得家长这么做是应该的。所以，家长和孩子沟通一定要注意，告诉孩子有些东西并不是想要就能给的，然后逐渐学习延迟满足，孩子慢慢就能适应了。在孩子任性的时候，家长不要打孩子或者骂孩子，而要跟孩子多沟通。再一个就是转移孩子注意力，如，他饭前想要玩具的时候，家长可以把这个玩具拿过来告诉孩子，如果他想要这个玩具，那就先吃饭，吃完饭就给他，这个时候孩子就会答应家长的所有要求。另外全家人要配合，统一教育方式，以使孩子养成良好的习惯。

38. 两岁多的宝宝不管大人说什么他都说"不"，该怎么办？

小孩喜欢对成人说"不"是很正常的，因为这是他内在独立精神发展的一种表现，是孩子要扩大活动范围的要求，是对成人过度照顾的本能反抗。独立性强的孩子这种逆反心理的产生会早一点，表现程度会强烈些，这样的孩子长大后往往有主见、敢于开拓。为了减少和孩子的冲突，家长要克服时时处处都想管孩子的毛病，当孩子说"不"的时候，要设法了解孩子的想法。如涉及到孩子的安全问题，家长应有预见性，提前采取必要的保护或转移注意的方法让孩子避开危险。在一般情况下，要尽量尊重孩子的意见，甚至按孩子的想法和孩子一起活动；在和孩子一起玩的时候可以试着提出你的建议，这时孩子反而愿意接受。

39. 男孩两岁多了，说话不太好，要东西只用手指，该怎么办？

从一周岁半到两周岁是语言关键期，男孩的语言发育要比女孩晚一点，家长要有耐心和信心。孩子说话不好，往往和家长不爱说话关系很大。一周岁以后的孩子，说话前他的语言表达就是肢体语言，所谓肢体语言就是用手指着要东西。家长要注意当孩子指什么东西索要的时候，家长要让他学说要的是什么。比如他指着杯子要喝水，家长要告诉孩子这是杯子，让孩子跟着学说。这个过程可能要反复多次。千万不要孩子伸手一指，家长就拿过来了，一定要给孩子学习说话的机会。还有说话不要单纯地说一个单词，比如说电灯，还要告诉他电灯是干什么用的，电灯和开关有什么关系。教孩子说话，给他的不仅仅是词汇，更重要的是教给孩子语法，这样，孩子将来的表达才能规范、完整。

40. 孩子两岁多了，和别的孩子一起玩总爱推别人，该怎么办？

两岁多的孩子其实很喜欢和别的孩子玩，在一起推推搡搡是难免的。在他和别的孩子相处之前，家长要先和孩子建立一套行为规则，让他知道什么是友好行为，什么是不友好行为；什么时候说对不起，什么时候说没关系。当他违背了规则时，家长要在他面前表现出不满的态度，甚至可以暂时剥夺他的一些利益，但不要体罚孩子，也不要说让警察叔叔抓走他，而是继续讲道理，让孩子知道他的行为与后果的关系。特别重要的是，要抓住孩子友好对待其他小朋友的机会及时鼓励表扬，当着孩子的面在别人面前表扬他，那么孩子以后就会继续表现出这种对其他小朋友友好的态度。

41. 孩子2岁4个月了，总喜欢动手打人，该怎么办？

孩子动手打人，家长应认真观察，努力发现一些属于源头性的现象。如平时有没有怂恿孩子用强硬的手段对付抢他玩具的小朋友，生活在他身边的其他人有没有这种行为等。即使孩子没有受到怂恿，那么他的粗暴行为受到制止了吗？孩子之间的交往对孩子的成长具有非常积极的意义，而这个孩子的粗暴态度会妨碍这种交往。当然，孩子之间的交往有各种方式，有些行为往往不被成人理解，作为家长，尽量不要介入。担心孩子吃亏而阻扰这种交往是短视的，怂恿孩子粗暴对待别的孩子更是有害的。我们要结合具体情况教给孩子一些行为规则、一些和小伙伴友好相处的方法，还要善于发现孩子的进步，及时鼓励、表扬。

42. 孩子快3岁了，老爱拆玩具该怎么办？

不要以为这是孩子破坏性的表现，其实这是孩子在探索世界。对于能拆的玩具，家长可以和她一起拆，让孩子看看"里面"到底是怎么回事，然后再和孩子一起把玩具装好，这样既能满足孩子的求知欲，又让孩子学会爱护玩具。对一些不能拆的玩具，应该跟孩子讲清道理，尤其要教育孩子爱护公物。

43. 孩子3岁了，早上起床总爱挑衣服、鞋子，该怎么办呢？

有个办法可以试试，建议家长在孩子睡前把第二天要穿的衣服准备好，尽量尊重孩子的意见。这样，第二天早上孩子就乐意配合了。

44. 孩子3岁了，不小心把杯子打破了，这种情况该怎么办？

这种情况下，家长不要训斥孩子，而是直接对他说："宝贝，杯子破了，这个很正常，把抹布和扫帚拿过来，我们把它打扫干净"，这样就可以了。当然，还可以耐心地对孩子说，今后做事情要小心

点；一旦做错了事，改正了就好。通过教育，使孩子明白道理。

45. 宝宝 3 岁了，可以学习英语了吗?

孩子语言发展的前期首先是发音，孩子一出生就进入了发音的阶段，具备了发音的能力，这是一个基础。然后孩子进入到语言理解阶段，所以家长要不断地给孩子说，而且说的东西要具体，要标准规范，句子要完整。1 岁到 1 岁半是孩子肢体语言表达时期，他会用手指，会用动作来表达他的语言。1 岁半以后是语言关键期，如果前期孩子语言发展训练得比较好，这个年龄段的孩子语言表达就会很清晰。2 岁是孩子的语言爆发期，2 岁之后家长就可以让孩子学习外语。这个年龄段的外语学习和大孩子的外语学习是不一样的，主要是给孩子听，也可以让孩子跟着一起说。但是一定要具体形象，不应该是抽象的。所以，宝宝 3 岁可以开始英语学习了。

46. 孩子 3 岁了，睡觉时必须妈妈陪着才行，这对他将来有不好的影响吗?

这个孩子的状况就是典型的缺乏心理安全感的表现。如果从 0 ~ 6 岁这个阶段不注意培养孩子的安全感，那么在他未来面对社会的过程中，很可能会出现内向、自闭、不敢尝试、拖延、懒惰等情况，对学业和事业都会产生不利影响。

情商

47. 为什么说0~3岁的孩子情商培养非常重要？

据心理学家调查分析，一个人成功的因素中，智力因素（智商）占20%左右，而其性格、情绪、意志、社会适应能力等非智力因素（情商）占80%左右，所以从小开发、培养孩子的情商至关重要。培养孩子的情商要关注孩子的心理、行为、意志、与人交往的能力以及控制自己情绪的能力。仅仅拥有高智商而缺乏情商的孩子，其创造力就很难挖掘、开发。现在越来越多的研究表明，孩子的性格可能在6岁以前便决定了。因此，幼儿期的教养方式对孩子将产生决定性的影响，而不同的教育方式对孩子具有决定性影响。一般来说，3岁的孩子在性格上已有了明显的个体差异，且随着年龄的增长，性格改变的可能性越来越小。所以说0~3岁的孩子情商培养非常重要。

48. 哪些问题属于情商的范畴？

通常人们会把情商简单地定义为人际交往、情绪管理，其实情商包含的方面有很多。早在1995年就有人提出了"情商"的概念，只不过经过十几年的发展，现在"情商"所包含的方面越来越广泛。一个人的自信心、独立性、爱心、人际交往、意志力、自律、解决问题的能力，这些都包含在情商范围之内。也可以这样说，只要是"智商"不涉及的，都包含在情商之内。如孩子很想跟别人一起交流、玩游戏，但她会在旁边转圈圈，不进去。再不然看一会后找妈妈说："妈妈，我想跟她们一起玩儿。"或者说："妈妈，我们走吧，我不进去玩儿。"其实这样的孩子是有交往欲望的，只不过缺少了人

际交往的方法和技巧，这就属于情商范畴。

49. 0 岁起就要打造高情商的宝宝吗？

是的，0 岁起就要打造高情商的宝宝。也就是说，当人降生在这个世界的时候就有情商这么一个东西在起作用了。如新生儿是通过表达对基本需求满足还是不满足来引发快乐和不快乐这样的情绪的，以此和爸爸、妈妈紧密地联系在一起。家长除了满足孩子吃喝拉撒的需要，还要注重与孩子之间的语言、情感交流，帮助宝宝树立安全感，这是以后情商发展的基础。

50. 情商训练能提高孩子的哪些能力？

个人能力当中首先要说到自信心。有的孩子盲目自信，就变成自大、自傲了，这样的孩子挫折抵抗能力相对来说就弱一些。再就是自我管理的能力。自我管理的能力包括控制自己的情绪、行为，适应环境，乐于接受新的观念等。会自我管理的人，看见有人超过自己，会乐于接受自己现在的不足，然后学习别人、改变自己。还有自我的激励能力。如考试某一门考偏了，情绪会受到影响，善于自我激励的人会对自己说："没关系，幸好还有接下来的两门。"

情商还包括社会能力中的同理心，就是设身处地地站在对方的立场上去考虑、解决问题的能力。如有的孩子上学可能忘了带书，有同理心的小孩会给同学帮助和支持，说："看我的书吧，我们来一起读。"而不会像有些小朋友那样说："哈哈，你没带书，等着老师批评吧。"

51. 理财能力的培养也属于情商的范畴吗？

孩子会有自己的理财观，这也属于情商的范畴。比如一个小朋友讲："我买了一袋棒棒糖，花了 7 元钱，这是我的一个梦想储蓄罐里的钱。""这里面 10% 的费用是我可以自由消费的，可以去买我自己喜欢的东西。"这其实就已牵扯到理财的培养，是情商的一部分。

52. 培养孩子的情商家长可以做什么？

家长可以做的工作很多。比如责任心，我们可以从小帮孩子塑造。还有孩子的自信，通常会受两个方面的影响，一个是被爱，另外一个就是她的能力。如，上幼儿园的孩子早上不愿意起床，这个时候妈妈会去关心她，她就得到了更多关注，感觉被爱了。有的小孩可能时间管理不好，不知道到点了需要完成什么任务、干什么事情。还有一点比较常见，就是孩子在幼儿园里面遇到了一些不好的事情，就会不愿意起床。这就需要家长仔细观察，了解孩子的想法。另外家长还应该关注孩子的情绪，很多时候关注到孩子的情绪，对其情绪作了适当的疏导，孩子存在的问题自然而然就解决了。

53. 宝宝 4 个半月了，平时喜欢亲妈妈，应该怎么办？

妈妈可以转变一下和孩子相处的方式。比如，妈妈抱着宝宝的时候可以逗逗他，或者把孩子抱起来，指着一些新鲜的事物给宝宝看，转移一下宝宝的注意力，千万不要让他把注意力放在亲妈妈这件事情上。另外，妈妈和宝宝相处时还可以做其他一些事情，如和宝宝一起听音乐、给宝宝讲故事等。

54. 女儿 7 个月了，现在需要锻炼或参加早教吗？

需要。7 个月大的婴儿，可以让孩子多爬一爬。孩子现在不会站、不会走，可以先学会爬。爬行对她肢体的锻炼、血液的流通都有好处。当然，早教、听优美的轻音乐，对孩子的性情和智商的发

展都会有帮助。大人可以柔声细语地讲一些美好的童话故事,孩子虽然可能听不懂,但是对他的心智发展是有帮助的。

55. 我有一对双胞胎儿子,谁哭了我就去谁那边睡,这样做行吗?

妈妈的做法是哪个孩子哭了就去安抚哪一个,其实在无形之中孩子就建立了一种感受:"如果想要妈妈安抚或喂奶,我就使劲哭",这样做显然不可取。从做妈妈的角度来说,首先要对自己有信心:我有两个孩子,虽然不能同时照顾,但我对他们的爱是一样的。这样,无论是肢体还是语言,无形之中都能传递一个信息给孩子,这份传递是建立安全感很好的过程。妈妈可以给宝宝讲,这一刻是哥哥吃奶的时间,弟弟要等一下;然后这一刻是弟弟吃奶的时间,哥哥要等一下。这样,在无形之中两个孩子就能逐渐建立一种次序感,这种次序感在生活当中是相当重要的,对孩子的成长也是非常有利的。

56. 孩子还不到1岁,用什么方法来培养他的情商呢?

对0~3岁的孩子,情绪管理很重要。如在超市里,孩子想买一个东西,家长会说:"家里有,不买了。"孩子可能就会哭、闹。通过哭和闹这种方式最终还是买了,在这个过程中孩子学会了什么?他一哭闹所有的要求都满足了,时间久了这个小朋友的情绪管理自然而然就不会好。还有,独立性的培养。孩子能做的事情家长要让孩子独立去完成,如孩子能自己穿衣服就让她自己去穿;孩子自己完成不了的,家长可以去帮助。如,冬天的衣服比较难穿,就让她里面的自己穿,外面的家长帮着穿,分工合作。时间久了,孩子就愿意跟家长合作了。

57. 宝宝1岁4个月了,喜欢站在电视机跟前看电视,怎么引导呢?

这个时候妈妈只需要领着小朋友的手走到合适的位置,告诉孩子，如果想看电视，在这里看距离最合适。不需要讲太多，因为孩子太小。如果想纠正一个小朋友的某种行为问题，一般要持续2~3周的时间，才会见到效果，所以家长要有耐心。

58. 怎样避免孩子要东西家长不买他就哭的现象？

像买玩具这类事情，家长可以在去超市之前就和孩子沟通好，讲明白今天去超市要买什么东西，列个清单，然后按清单购买就 OK 了。

59. 怎样培养宝宝的分享意识？

分享的意义在于行动的过程，而不是结果。也就是说分享必须是一种行动，只有提高宝宝的动手能力，才能培养出他的分享行为。

许多妈妈总喜欢用爱来捆绑孩子，剥夺了宝宝动手的机会，使宝宝失去了应有的成长环境。每个妈妈都会发现自己的宝宝有这样一个阶段，很勤快，希望用双手来做点什么。借助这个天性，妈妈不妨试试让孩子自己做事情。如宝宝能自己上下床，就不该再抱他；能自己握着小勺吃饭时，就不该再喂他；能够自己拿玩具、收玩具，就不该替他去做。之所以说穷人的孩子早当家，就是因为他们早早地获得了动手的机会。我们的家长要都有一种意识，那就是：让动手成为宝宝学会分享的起点。

60. 孩子上幼儿园后有情绪怎么办？

首先，家长应该关注孩子的情绪。孩子在幼儿园里面也是有压力的，如，上课举手回答问题会有压力；或者有一个小朋友跟他讲以后不跟他玩儿了，孩子也会有压力，这叫做同伴压力。如果家长哪天去幼儿园接孩子，发现孩子这天的情绪和以前不太一样，就要留心了。外向一点的小孩会讲，妈妈，我今天不高兴，我今天发生什么事情了。但是有的孩子可能不说，建议家长抽出一点时间来和孩子沟通。其实很多时候孩子把事情讲完了，他自己就没事了。

61. 时间管理不好的孩子该怎么办？

孩子管理不好时间，多是因为回到家里以后家长把事情都给他安排好了。孩子经常会出现"妈妈，我画完画了，现在干嘛？"这种情况，说明孩子要听妈妈的安排，孩子自己不了解应该去做什么。其实家长完全可以给孩子列一个时间计划表，讲好规则，让孩子自己完成自己的事情。这样可以使孩子养成按计划做事的习惯，培养他的时间观念。

对时间管理不好的孩子，家长可以给他定义一个时间，比如说孩子回来了，可以跟他讲"7点钟的时候我要检查你的画"。至于

孩子是 4 点半画的还是 6 点半画的，那随便。家长只要 7 点钟的时候过来看他的画完成了而且质量没有什么问题就可以了。这样能培养孩子自我管理时间的能力，也是培养孩子独立性的一个重要方面。

62. 孩子玩淘气堡总是玩不够，家长应该怎么办？

类似这样的场景在生活中太常见了，问题的根源在家长。通常家长会问："你玩到什么时候走啊？"小孩会说："天黑的时候走。"家长不乐意了，就会说："现在能不能走？"孩子肯定说："不。"建议家长以后换另外一种方式问，不要用开放式的提问，要给孩子一个时间上的限定。可以这样问孩子："你要玩淘气堡可以，是玩 5 分钟还是 10 分钟？"给孩子选择的权利，他肯定选择 10 分钟，这样家长和孩子都达了自己的目的。这个办法很有效，建议家长试试。

63. 如何在家庭中树立家长的权威呢？

在家庭中树立家长的权威，第一点是要控制孩子的情绪。当孩子做错了事的时候，他才是该为自己负责的人，而不是家长，家长不能把事情都包揽下来。第二点，家长需要区分事情的性质，是无关紧要的事情，还是紧急重要的事情。如有时家长非要让小朋友吃鱼，但是吃不吃鱼对孩子来说并不那么重要，这就是无关紧要的事情。如果因为无关紧要的事情跟小朋友斗智斗勇的话，孩子就会觉得什么事情都管他，这就不能树立家长想要的那种权威。如果孩子开始与坏孩子交往，这就是紧急重要的事情，此时家长制止，树立自己的权威，给孩子以警示的作用。

64. 爸爸和孩子在一起需要注意什么？

爸爸和孩子在一起时，需要注意以下二十四条：一、要有责任心；二、要有幽默感；三、要兴趣广泛；四、要大度；五、要有童心；六、要有情趣；七、要有效率；八、要平等；九、要不俗气；十、要理性；十一、要自信；十二、要诚信；十三、要分担家务；十四、不向孩子隐瞒生活中的阴暗面；十五、将时间交给孩子；十六、要给孩子朗读；十七、要善于自我示范；十八、要给孩子安全感；十九、要告诉孩子你爱他；二十、要与时俱进（家长要知道孩子现在看的动画片是什么，要知道他们现在常使用的语言是什么）；二十一、要有耐心；二十二、要身体健康；二十三、要懂点艺术；二十四、孩子睡觉前要和他说悄悄话。

运动与训练

65. 新生儿视觉发育的特点和训练方法是什么？

　　新生儿是用感官和运动来学习的。孩子一出生，视觉干体细胞就已经发育成熟，对明暗度和黑白有了分辨能力，因此可以给孩子看黑白图谱。如可以先让她看爸爸妈妈的脸，也可以是黑白照片，然后看棋盘、靶心、曲线等各种形状的黑白物体。距离孩子15～20厘米即可，因为他不可能看很远。孩子盯上以后会仔细看，还会搜索，会从边缘往里看，当孩子不看了，你就可以不给了。以后反复地给他看，刚开始孩子盯着看十几秒，以后越看时间越短，这说明图像在孩子的大脑中已经形成了深刻印象，可以再换图片。黑白图片很多，有些教具也可以用，尺寸要大一点儿，一般18×18公分为宜。还可以给孩子看小红球，距离孩子15～20厘米，放在两只眼睛中间，左右移动，速度不要太快。孩子会盯着这个球，眼睛在活动。这种视觉追踪训练，可以使眼部的6块小肌肉动起来，与孩子日后的阅读能力关系很大。另外还可以经常把孩子抱起来看周围的环境，如看房间里的电视机、电冰箱、图画，最好一边看一边讲。

66. 婴儿视觉发育的特点和训练方法是什么？

　　随着孩子年龄的增长，孩子视觉的锥体细胞逐渐发育成熟。锥体细胞是干什么的？是专司分辨颜色的。孩子在三四个月的时候就知道各种颜色不一样，但是不知道叫什么。这就需要家长去教，实际上并不是只教孩子认识颜色，而且要告诉孩子这个颜色的命名，它叫什么。例如教孩子认识红色，与红色相关的物品都可以用，像红色的苹果、红色的灯笼、红色的国旗都可以给孩子看，但图形一定要规范，而且要边看边给孩子说。看了一周后，红色的还继续看，再加上黄色的；一周后再加上绿色的，以后再加上蓝色的，在颜色方面不断地给孩子以拓展训练。

除了看颜色之外，还可以给孩子看几何图形，如圆形的、正方形的、长方形的、多边形的、心型的、月牙型的、五角星型的等等，边看边讲，从一种到多种不断拓展。

67. 6~8个月的孩子家长该让他看什么？

6~8个月的孩子已有符号分辨的能力。所谓符号的分辨能力，比如说汉字，汉字是一种符号，我们不把它当做文化知识来教，就把它当做一种符号教给孩子。这时候孩子知道汉字和汉字是不一样的，汉字和数字是不一样的，数字和字母是不一样的。我们把汉字、字母、数字都当成符号让孩子看，告诉他这是什么那是什么。

这一阶段孩子视觉的特点是对活的、动的、大而清晰的、颜色鲜艳的、新奇的敏感，因此家长给他的东西要活起来、动起来。要放到孩子跟前，闪动起来，就是我们常说的"闪卡"。怎么看、看多长时间、怎样对比、怎样添加内容、怎样正确使用"闪卡"，家长最好经过专业机构的短期培训，就可以在家里训练宝宝了。

68. 1岁的孩子家长该让他看什么？

孩子1周岁的时候家长可以给孩子看大量的图片，图片首先应该是日常生活中能看到的，还要不断地给孩子增加内容。比如说让孩子看一只乌鸦图片，图片上就一只乌鸦，当孩子看到乌鸦的时候你不断地告诉他这是乌鸦、这是乌鸦，在往后的训练中，还要告诉他乌鸦是鸟类、乌鸦在树上坐窝、乌鸦吃老鼠等与乌鸦相关的内容。这样孩子不但对图片有了认识，对鸟类有了认识，又通过知识拓展，

对乌鸦有了进一步的了解，知识面就拓展了。这方面的例子很多，比如说植物是一个系列、动物是一个系列、鸟类是一个系列、鱼是一个系列。通过训练，家长会发现孩子的潜力是很大的。

69. 孩子的听觉是怎样发展的？

人的语言与听觉密切相关。孩子在妈妈肚子里的时候，听觉就已经发育成熟了。一出生，孩子的听力就非常好，能够分辨声音、判断声音的方向和高低，但这仅是听力。听觉还有不少的功能，比如说听觉分辨能力等。

什么叫听觉分辨能力？有的成年人唱歌会跑调、五音不全，实际上就是听觉分辨能力发育不好。孩子一出生就有这种分辨能力，能分辨出高调低调。孩子喜欢听妈妈的声音，因为妈妈的声音是高频的。出生后如果不帮助孩子开发听觉分辨能力的话，将来孩子在语言表达上、在学说话上就会 zhi、chi、shi 和 zi、ci、si 不分，g、d 不分，4 和 10 分辨不了，这些都属于孩子的分辨问题。

70. 怎样训练小孩子的听觉分辨能力？

除了不断地给孩子听世界名曲、听音乐之外，还可以给孩子听各种声音，如动物的叫声，抽油烟机、洗衣机、吸尘器的声音，打雷、刮风的声音等等。另外要多说话给孩子听。这种语言最好和实物结合起来，让孩子看到后我们再说这是什么。说的话要完整，不能说电灯是电灯、钟表是钟表，要给孩子讲完整的语言。在给孩子说复杂语言的时候要把因果关系表达出来，比如

说灯亮了，灯为什么亮了？因为它有开关。教给孩子丰富的知识和语言，到孩子会说话的时候，他的语言表达就会很完整。现在有些孩子的语言表达词汇很丰富，但组织能力不行，头上一句，脚上一句，原因就在于孩子小的时候，给孩子听觉的训练、语言的训练不是太规范。

71. 0~1岁阶段可不可以让孩子听录音的故事、儿歌？

可以，但是不应该以那个为主。因为录的故事、儿歌光能听，不能感受。比如我们在和孩子说话的时候，要面对着孩子，孩子便能感受到你的声音是从嘴里出来的，有必要的话让孩子的两只小手放在家长的脖子上，让他感受声音是从哪里发出来的，而录音机、电视机则不能让孩子感受到这些。

72. 给小宝贝选书的标准是什么？

建议从以下几方面把握：字大一点，内容简单一点，图片真实一点，文字少一点。不管给孩子认符号、认颜色、认黑白图谱或者读书，主要追求的是过程——孩子听到了吗、看到了吗、感受到了吗，千万不要追求结果。在这方面，好多家长和老师走入了一个误区：追求结果，教了你，你记住了吗？你懂了吗？这个需要孩子大一些再要求。小孩子追求的是过程——他看到了、听到了、感受到了就行了。知识有两种，一种是程序性知识，一种是陈述性知识。小孩子需要的是程序性知识，程序性知识侧重过程。不管学什么东西都是知识，游戏、生活中蕴涵着知识，这种知识让孩子追求的是过程。而陈述性知识是一种文化知识，如汉字、数字、计算，要等孩子具备一定的能力才能学会。

73. 怎样培养孩子看书的好习惯？

从时间上说，孩子5个月就可以开始看了。在看的过程中，注

意最好每天都定时，比如说
到几点了，家长就开始和孩
子一起看书。方法是：在看
书的过程中可以让孩子坐在
你的腿上，一起看着书，家
长的手一边指着一边读，文
字和图片要结合在一起看。
家里的其他成员都可以和孩
子一起看书，使其养成好习
惯，这个孩子长大后就愿意读书了。

74. 1~3 岁和 3 岁以上的孩子选什么样的书好？

　　1~3 岁是孩子的幼儿期，在这个时期给孩子选书主要把握两点：
一、主题明确。这本书给孩子说的什么事要明确。如有一本让孩子
认识马甲的书，马甲多次出现在这本书里，马甲有各种不同的样式、
尺寸，穿在不同动物的身上。如穿在老鼠、猫、狗、大象身上的样
子，目的是告诉孩子马甲是干什么用的。二、图片真实。最好不要
卡通的、动漫的图。这一阶段孩子的认知模式是照相式的，所以图
片一定要是真实的。另外书里字符要大，图片要简单，不要太复杂。
3 岁以后的孩子就可以给他买故事情节比较丰富一点儿的书，再大一
点的话，给他买拟人化的、卡通的、动漫的书就都可以了。

75. 怎样让小宝贝运动？

　　孩子一定要多运动。1 岁以内孩子可以依次进行抬头、俯卧的训
练，接着练坐、爬，爬行完了之后练习站立、行走。家长不要总是
抱着孩子，一定要让孩子走。会走之后要让他走各种各样的路，比
如上坡的路、下坡的路，坡度对人体的平衡就是一种刺激，坡度和
人身体的垂直是有角度的，在这种情况下，孩子的前庭就得到了很

好的开发和锻炼，这种能力要在孩子很小的时候就给开发出来。孩子会跑了、会跳了，我们都不要错过这个机会，一定要让孩子去做，而且在做的过程中要增加难度。家长对孩子不要过度保护，一定要重视孩子的运动。

76. 给孩子买地垫，应该怎么选择？

现在地垫的类型很多，质量也不一样，有一些味道很大，对孩子不好。家长应该给孩子选择海绵质地的地垫，外面有一个套套着，厚度大概3公分，1米5的长度，几乎成一个正方形，然后两块拼起来就是一个长方形，小朋友可以拿来翻跟斗。另外，一些软的大的麻质的地毯，也适合孩子。从保洁方面来说，要选比较方便清洗的。家长给孩子选择地垫颜色不要太花哨，否则容易引起孩子烦燥。如果地垫颜色比较单一，对培养孩子做事情的专注程度也有好处。

77. 2个半月的孩子前托抱，抱多长时间比较合适？

抱的方式很多，建议家长多尝试。前托抱可以每次抱5分钟，每天2~3次。2个半月大小前托抱孩子不会有任何问题，就跟平时抱孩子是一样的，整个腰背不受力，像坐躺椅一样，只不过是躺椅换到成人身上罢了。

78. 宝宝快3个月了，每天进行拉坐练习可以吗？

如果家长能够了解孩子的身体结构、发育特点，就知道是可以做的，对孩子的骨骼发育没有影响。但是家长必须掌握技巧，如果掌握不好力度，孩子容易脱臼；如果拉坐起来紧跟着把孩子放下去，对孩子的腰、背是没有任何影响的。孩子现在还那么小、不会使劲，所以如果做类似的动作，一定要经过专业人士指导之后再去做。建议妈妈多给孩子多做一些俯卧的动作，有事没事可以多让孩子趴着，再练习一下孩子的翻身，以使宝宝的颈椎和脊椎得到锻炼。

79. 宝宝出生九十多天了，趴着的时候肚子着地，也不会翻身，正常吗？

这种情况是正常的。3个月的孩子不可能立即就会翻身，有一个循序渐进的过程，而且也需要家长对孩子进行一定的训练。还有一个原因是天气比较冷，孩子穿的衣服比较多，如果衣服穿少一点，可能孩子也就能翻身了。家长不用担心，多给孩子练习俯卧抬头和翻身即可。

80. 孩子三个多月了，现在对孩子进行哪些训练比较适宜？

妈妈现在可以进行前托抱、拉坐、翻身训练。因为宝宝这时候先天抓握反射还没有消失，可以让宝宝躺在床上，妈妈把手给孩子，拉他坐起来，小范围的一些上肢力量的训练都是可以的。家长还可以把孩子放在浴巾里稍微地摇一摇，也可以放在怀里摇一摇。如果爸爸能高抛，可以把孩子扔上去接下来，或者做举高高的游戏，这样可以训练孩子的本体感，但一定要注意安全第一。

81. 宝宝四个多月了，现在右手只会吃不会抓，怎么调整？

孩子在成长过程中，左右脑在同时成长发育，右脑发育还是要早一些，所以孩子如果表现为左撇子，是不用担心的。孩子在整个成长发育过程中终究会有主力手，而主力手可能是右力手也可能是左力手，这种情况一般在3岁左右脑分化的时候会比较明确。建议家长多给孩子机会，让他两只手都去抓、去拿、去玩儿就可以了。

82. 宝宝四个多月，能训练坐了吗？每天竖抱多长时间为宜？

这个时候不要让孩子坐，还是让孩子俯卧、翻身、练拉坐，等五个多月的时候再让孩子去坐。竖抱没有时间规定，家长应该在孩子清醒的时候竖抱孩子，让孩子多看。另外还要给孩子运动的机会。竖抱的孩子只会用眼睛到处看，其他方面得不到很好的锻炼。所以，家长还是多对孩子进行俯卧、翻身、俯撑、拉坐的训练。

83. 4 个月的宝宝可以玩龙球吗？

可以。4 个月的宝宝不太会坐，只能躺着，动作上也不是很灵活。可以让这么大的宝宝先躺在龙球上面，妈妈扶着孩子的腋下，固定在龙球上面，再前后、左右地移动，以帮助孩子前庭的发育。而且龙球上面有一些小钉子，那些软软的钉子对孩子的皮肤有刺激作用，可以练习孩子的触觉。如果孩子适应，可以让他趴在上面，再做前后、左右的摆动，孩子趴在上面还可以练习抬头的动作，所以说龙球对孩子有很多好处。

84. 4 个月宝宝轻度缺钙，做了一次亲子瑜伽后喜欢坐和站了，这样对骨骼发育好吗？

虽然轻度缺钙，但孩子太小，所以不建议他站的时间太长，那样的话容易出现 O 型腿。孩子的腿承受身体重量的能力是有一定限度的，可以让他稍坐一会，或者抱一下，让他躺也可以，也可以练习拉腕站立，注意坐和站的时间尽量不要太长。

85. 宝宝 4 个月了，做拉腕起动作时手没有劲该怎么办？

拉腕起的动作要领是：宝宝平躺在床上，妈妈把大拇指放在宝宝的手掌里，其余 4 个手指护住宝宝的手腕。让宝宝借助妈妈的力量坐起来或者站起来。4 个月的宝宝手没劲是因为妈妈前期没给孩子做抓握反射的训练，做了的话孩子的手会很有力量。因为前期没有做这种训练，所以孩子的这种本能已经失去了。怎么改善呢？建议开始可以扶住宝宝双肩从仰位拉成坐位，继续练习俯卧撑胸锻炼上肢的力量，其间继续多练习拉腕起的动作，过一个阶段孩子可能就逐渐适应了。

86. 宝宝五个多月了还不会翻身，仰卧到俯卧也不会，现在该怎么办?

看来，这个孩子小的时候没有进行相应的训练。孩子一出生就应开始做俯卧训练，这都是孩子的本能，通过训练把这种本能保留住，再给孩子训练就非常容易了。现在孩子五个多月了，这种本能都已经消失了，再给孩子进行俯卧的训练肯定不那么容易了。如果

现在孩子不愿意俯卧就不用让他趴着了，就给他训练翻身，在训练翻身的过程中让他仰卧，仰卧的时候让他往左侧或者右侧去翻，这时候家长可以拿玩具逗引他，帮他一把，先从仰卧到侧卧，先不要从仰卧直接到俯卧、或者从俯卧直接到仰卧。

87. 5个月大的孩子，有练习翻身的好办法吗?

具体的方法是：让孩子平躺在床上，妈妈的双手抓住宝宝的双脚踝的部位（俗称脚脖子），家长想让他往左边翻，就左边先用力，以左右手扭转婴儿身体呈90度，然后反复进行。练上几次后家长一扭转，孩子就翻过来了，之后孩子自己就会了。

88. 宝宝5个月了，上臂的力量不大，怎样引导他练拉腕坐呢?

5个月的孩子最基本的练习应该从拉腕坐开始。妈妈把拇指放到宝宝的手心里面，其余的四个手指抓住孩子的手，并且护住孩子的手腕部位，然后拉坐起。这个拉坐起的力不是家长硬生生地把他扯起来的力，而是你感觉到他的胳膊往下拽的这样一个力。先是拉坐起，如果孩子可以很好地完成这个练习，就再练习拉站起。如果拉站起家长觉得他也能完成，就可以练习拉抱起，就是把他直接拉坐、

拉站、悬空抱起来。5 个月的孩子经过 1 个月时间的练习就能够做到了。但要注意脱臼的问题，家长一定要保护好孩子的手腕。

89. 宝宝 5 个月了，拉坐起时，右手总是抓不紧，有解决的办法吗？

右手拉不紧的原因，可能是孩子在两个月没有做内抓握训练造成的。抓握训练一般两个月之内是关键期，训练的方法是家长的两个手同时放在孩子的手心，这个时候，你一放，孩子自然就抓住你的两只手，家长稍作引导，再让孩子自己用力，就可以拉他半起或坐起。这些动作的训练要抓紧做，甚至拉悬垂的训练都可以做。如果说没有这个训练，将来孩子的协调平衡能力会受到一定影响。5 个月的宝宝右手可以多训练一些动作，比如引导孩子小手做拿、放、敲、扔等动作，这样的训练多做一些，慢慢地右手和左手的能力就一样了。

90. 宝宝五个多月了喜欢跳，脚趾往里抠着使劲，会影响孩子发育吗？

这要看孩子是否脚尖着地，若是，就需要干预。再者要看孩子怎么使劲，有时候孩子在生长过程中会做一些无关的动作，一般时间都不会太长，比如吃手、吐泡泡、脚往里蹬，家长可以观察一下，一般不用管他。如果经常出现或发生变形的情况就有问题了，偶尔出现不会有什么影响。

91. 宝宝 5 个月了，妈妈总是睡在孩子左边，孩子左手很灵活，右手不太想用，怎么办？

这个现象比较普遍。孩子在脑发育过程中，主要是以形象的、

直观的、运动的能力来适应环境的，所有的孩子几乎都表现出左手比右手灵活。家长必须经常对孩子进行姿势的调整，不能老是一种姿势。妈妈也不能总是睡在孩子的左边，要有意调整这种情况。再者要诱导孩子左、右手主动追寻、抓握玩具等，让孩子的左、右手的灵活性逐渐一致。

92. 宝宝快6个月了，拉坐、前倾坐都很好，还需要在哪些方面进行大肌肉的训练？

宝宝出现爬行欲望的时候，家长可以给孩子做一些爬行前的训练，为下一步爬行做好准备。现在俯卧还是要坚持的，俯卧练习可以把脊椎、颈椎、四肢的力量再加强一下。

93. 孩子快6个月了，还不会翻身，是不是协调能力、运动能力不好？

不能光看孩子会不会，关键是家长给孩子翻身的环境了没有。翻身的问题家长从小就应该训练孩子。如果早期训练了孩子，3个月以后的孩子就应该会翻身；如果早期不给孩子机会，孩子一般在四五个月的时候才会翻身。现在家长可以训练孩子俯卧，增强孩子颈背部、腹部肌力。训练翻身有过程，也有技巧。首先让孩子侧卧翻身，这种侧卧翻身就是当孩子平躺在床上的时候家长可以在左边拿小玩具引导，孩子的头自然而然地偏向有声音的方向。当他侧卧不动的时候帮助一下，把孩子的手臂从背部托一下，让他往响铃铛的方向翻。侧翻学会以后，再做从仰卧到俯卧、从躺着到趴着的训练。

94. 宝宝6个半月了，爬行还可以，现在可以练习站了吗？

这个时候最好不要训练孩子站，太早了。这个月龄的孩子有自己的要求，建议家长还是想办法设置一些爬行的游戏，比如，把纸箱子两头拆开，如果纸箱子多的话，可以弄两三个连起来，让孩子在里面爬，另外一头可以放点玩具逗引他，如果是大纸箱子，大人可以带着孩子在里面爬一遍，孩子善于模仿，这样他就学会了。为什么坚持爬？因为 6 个月的孩子下肢力量还没有达到，所以建议每天爬 20～30 次，每次 10～20 米，每天爬行超过 400 米，这才是正常的爬行训练。

95. 7 个月的宝宝一站就蹲下来，怎么改善这种情况？

6 个月的孩子应该会坐，在坐的基础上家长可以训练孩子拉站。所谓拉站就是让孩子躺着，家长两只手或者拇指或者食指伸入孩子手心中，然后抓住孩子手腕，把他拉起来，这个时候我们让孩子的腿主动去蹬，借助蹬的力量站起来。这样可以训练孩子下肢腿部肌肉力量，这也是在为孩子的爬行做准备。所以，建议家长在家里先给 7 个月的宝宝练习拉站。

96. 宝宝 7 个月了，拉坐、拉站有什么诀窍吗？

这种情况家长一定要找到方法。比如拉坐，孩子能坐起来了，然后再拉站，孩子坐着的时候，也可以直接提起来。家长一定要注意，可以拉住孩子的手指，也可以拉住孩子的手腕，不能左边拉手指右边拉手腕，两手必须一致；要领在于同步和均匀，高度高过妈妈的胸部就可以了，大人顺势往后稍微一倾孩子就趴在大人身上了。做这个动作孩子会很舒服，对于大人和孩子都有好处。这个训练对孩子将来的本体感和右前脑、左前脑的发育及记忆力、智力都有好处。从一定意义上说，孩子的运动能力决定着智力发展的水平。

97. 有科学家说爬行可以让孩子变得聪明，是这么回事吗？

这个说法很有道理。爬行是开发孩子各方面能力非常重要的运动训练，孩子在爬行过程中要眼观六路、耳听八方，所以既能训练视觉，又能训练听觉。孩子在爬行过程中，四肢要协调，这是协调

能力的训练；他还要掌握平衡，如果不平衡的话就要翻倒，这是平衡能力的训练；另外他的四肢、上肢、腿部、脚部、关节都要触碰在地上或者床上，这又训练了触觉。所以 1 岁之内的孩子一定要让他多爬行，在爬行过程中孩子的综合能力都得到了开发训练，所以科学家说，想让你孩子聪明吗？"让他爬"！

98. 爬行是孩子的本能吗？

实际上爬行是人的一种本能，孩子一出生就会，但是他这种爬行不是实际意义上的爬行，是一种蠕行，他是在没有力量的情况下，在没有协调能力的情况下往前蠕动的，这就是最初的爬行。随着孩子年龄的增加，真正的爬行，也就是身体离开床面，四肢交叉爬行，头部抬起来才是正确的爬行姿势。如果家长对孩子进行了早期的训练，那么这种爬行姿势孩子在四五个月时就会了。如果家长没有对孩子及早进行训练，有的孩子到 9 个月了还不会爬呢。虽然说"三翻六坐八爬"，但是如果我们不给孩子爬行的空间和机会，那么这个孩子可能就会推迟爬行时间。

99. 6 个月的孩子坐多长时间合适？

可以根据孩子自己的愿望，一般情况下孩子坐一会儿肯定就不坐了。6 个月的孩子不要让他多坐，关键是训练孩子爬行。训练的方法是，让孩子俯卧、抬头，能做到两个胳膊撑着胸，胸部

离开床面。还可以把孩子放到大腿上，让孩子趴下，用家长的两手托着孩子两只小手，做推车状的运动，让他去感受这种协调。然后再把孩子放到床上让孩子趴在上面，推着他的两脚也做这种推车状

的训练，目的是让孩子感受左右协调。

100. 孩子七个多月了，冬天穿的衣服比较多，不会爬怎么办？

家里冷，孩子穿得多或者孩子比较胖都是影响孩子爬行的原因。家长要尽早对孩子进行爬行训练。爬行不是说到这个年龄段孩子自己就会了，是需要有好多器官参与的，比如肌力问题，爬行要四肢配合，颈背部、臂要有力量，如果说颈背部力量小头抬不起来，或者上肢臂力不足或者下肢力量不足的话，爬行都会受到影响。孩子应该先练习抬头、翻身，然后练坐，这样颈部有了力量，再练爬行就容易多了。

101. 宝宝 8 个半月了，腿和手能撑起来，但只知道蹬腿却不知道挪动手，该怎么办？

这是协调的问题。爬行有几个阶段：第一阶段是蠕行；第二阶段是同侧爬行，就是孩子两个胳膊先动，往前拱，胳膊一动、小屁股一撅，腿就往前走。也有的孩子是左腿和左手往前，然后右腿和右手往前，这都叫同侧爬行。最后，孩子达到手膝爬行，即身体离开床面而且是交叉式的，这才是真正的爬行。这个孩子腿老是蹬，手不会交叉，协调不行。首先训练手，让孩子趴到大人的大腿上，托着孩子两只小手做交叉式的往前推小车状的训练。然后训练腿，让孩子趴在床上，大人两只手把孩子的两只小腿托起来，像推小车那样去训练。如果孩子肚子老贴着床，家长可在孩子肚子下套上一个浴巾，把孩子兜起来，等孩子手和腿有力量之后再松开。

102. 9 个月宝宝已学会站了，在家里玩儿用不用穿鞋呢？

不会走的孩子建议尽量不要穿鞋，因为还牵扯到足弓的发育。如果孩子扶着东西要走，我们可以给他穿上鞋底比较软的鞋。

103. 孩子 8 个月了，总喜欢让大人抱着怎么办？

孩子不能总让大人抱着，要多运动。改变的办法是，试试换一种抱的方式。如有一种方式是横着抱，把孩子横过来，头和脚平行，这叫夹抱。孩子再让大人抱的时候，家里人统一意见，都夹着抱，你抱上两天，他就不会让你再抱了，因为这种抱法孩子感觉不舒服。即便孩子哭，也要坚持。要让孩子多运动，运动是孩子的一种本能，在孩子脑发育过程中，他的运动中枢是最先成熟的，孩子的各种能力都与运动密切相关。

104. 如果孩子始终不会爬，会有什么不好的影响吗？

爬行是 1 岁之内孩子生长发育的重要步骤。如果家长不给孩子空间和机会、不让孩子爬行，孩子的能力和器官的生长发育就会受影响，将来孩子的平衡就不会好，有的还会影响孩子的语言发展。如果以后孩子的平衡能力不好，她的空间知觉就不好，影响对方向的辨别、上下左右前后的辨别；上学后其数学会受到影响，写的字也会出现大小不一、不在格里等问题。

105. 孩子一岁多了，小的时候没有练习爬行，现在还能弥补吗？

孩子的运动发展是有一定规律的，每个年龄段都有主要的内容，比如 1 岁之内孩子的主要运动一定是爬行，1 到 2 岁的孩子主要的运动就是行走，3 岁之内或者 3 岁半之内孩子的爬行、行走、跑和跳都得完成。4 岁以后要锻炼技巧，比如说用腿的技巧，拍球、跳绳、跳皮筋都是技巧的训练。所以，每个年龄段的孩子都有不同的运动重点。像这个孩子 1 岁之内没有爬行，现在就会走了，虽然晚了点，但家长仍然可以让孩子爬行。现在爬行可以给他设置游戏，如让孩子爬着钻纸箱子，家长可先做示范，带着宝宝一起爬。爬行这个问题，科学家建议孩子一直要爬到 6 周岁，但是坚持下来难度很大。

106. 孩子1岁了，不会蹦怎么办？

1岁的孩子都不会蹦，家长说的蹦应该是跳的意思，这个年龄段的孩子还不会主动跳，即便是跳，也是被动的跳，即家长帮助孩子完成的。所以，作为家长，首先要了解孩子成长的规律，不同年龄段应该对孩子进行不同的训练。

107. 宝宝1岁1个月了，正在训练上下台阶，还可以训练什么？

13个月的孩子上下台阶应该是不错的训练，这个时候大人最好让孩子自己抓着楼梯扶手，自己练习。可以先练上台阶，下台阶别急着训练，等孩子上台阶这个动作完成以后，再训练下台阶。还有像拉腕站、拉腕走这些动作都可以同时做。

108. 宝宝1岁2个月了，一直不会爬，现在会有意识地往后退，而且臂力也不好，有什么好办法吗？

看来，这个宝宝上肢力量不够。因为孩子一岁多了，家长可以找类似单杠的东西让他进行锻炼。具体做法是家长抱着孩子，让他拉单杠，家长慢慢地松劲儿，当孩子受不了往下掉的时候赶紧抱住。1岁2个月的孩子不会爬行还是家长的训练方法有问题，应该加强训练。

109. 孩子16个半月了，既不会爬也不会走，该怎么办？

应到专业机构排除器质性原因，并接受针对性的指导。现在孩子虽然已经错过了最好的爬行时段，但还是应该让孩子练习爬行。可以把孩子扔在地上，不管怎么哭、怎么叫，大人狠一点心，只要偷偷地看着他、关注着他，不要让他出什么危险就行。孩子爬着爬着自己就会走了，爬得越好的孩子走得越早。如果白天让宝宝多活动一点，对晚上的睡眠也是有帮助的。

110. 孩子两岁多了，在同龄人中爬得最差，还有倒退的情况，该怎么办？

孩子两岁多了，已经错过了爬行的最佳时间段，但现在抓紧参加感统训练还是可以弥补的。希望家长能够到一个专业的早教机构给孩子做一个测评，了解孩子情况后再有针对性地对孩子进行训练。

111. 孩子爬行多久可以学习走路呢？

站起来走！

爬多久学习走路应该顺其自然，学习走路不是说想让孩子什么时候学就可以什么时候学的，这要遵循一定规律。孩子八个多月时要多创造爬行的机会。可以给孩子一堆被子，让他扶着被子去站，一回生、两回熟，三次就能熟练掌握了。孩子能扶物站立后，再练习扶着东西走。家长如果要训练孩子行走，顺序是：首先让孩子爬，然后是扶站，扶站以后侧行，侧行之后是一侧行走，然后再正面行走。会爬的孩子和不会爬的孩子在行走的时候有很大的区别，会爬的孩子走路非常稳，不会爬的孩子走路就不太稳，跌跌撞撞，平衡能力不好。所以，孩子基础能力的发展很重要，其动作发展是一环扣一环的。

112. 为什么要对宝宝做触觉训练？

严格地说，抚触是触觉训练的一种。我们经常说，要想让孩子聪明，就要多抚摸他。人的胚胎有三层：内胚胎、中胚胎、外胚层。

我们的大脑和皮肤都是由外胚层发育形成的，所以要想让大脑聪明就得多抚触。通俗地说，抚触就是在温度达到一定要求的情况下，使胎儿全身皮肤裸露，然后借用一定介质，比如痱子粉、抚触油，抹在成人的手上，然后用手按照一定的手法抚摸孩子全身各个部位。室温一般要求达到 28 度，每天抚触的时间和次数以及力量大小视孩子年龄及个体情况而定，一般每天 3 次，每次 5 分钟左右，做的过程中要注意观察孩子的情绪。

113. 宝宝抚触不够会有什么问题？

抚触从出生就要开始做，尤其是剖宫产的宝宝。如果触觉不好，将来孩子容易胆小、怕生，不敢去尝试新鲜的事情。顺产的宝宝触觉的训练也应该每天坚持做，抚触的时间最好每天不少于 15 分钟。生活中，孩子游泳、洗澡也属于触觉训练。

114. 孩子的触觉训练一直要做到什么时候？小宝贝怎样做？

孩子从出生到 3 岁都需要抚触，宝宝不会翻身的时候做抚触是比较好的时间段。很多的触觉训练都不是全身的，从脸到头、从手到脚，身体前后，都可以做。如给宝宝捋捋眉毛，把川字纹捋开，以后没有烦恼；捋捋下巴，从中间向上捋，笑口常开；除大拇指外四指从前额头顺着头发捋到颈部，然后是胸口。特别要提醒家长，所有的孩子在做抚触的时候都要避开乳头，做胸部的交叉，右手从右下到左上，左手从左下到右上，打一个叉。小肚子上用整个手指在肚子上顺时针、逆时针旋转。然后是胳膊，可以像搓面条一样地搓胳膊。从胳膊根到肘，腿也是这两个手法。再就是捋捋手指头，翻身让孩子趴一趴，再从头一直捋到腿，脚丫子也是这样。

115. 会翻身、爬行的的宝宝怎样做抚触？

宝宝一旦会翻身、会爬了，让他乖乖地躺在那里很困难，这个

时候家长就要动用智慧了。如可以把他的小胳膊撸起来，咬一咬他，力度要掌握好，就是妈妈的牙印刚好在他的身体上留下，又不能让他疼得哭。胳膊、腿、手、脚妈妈都可以咬的，这个咬应该是两个人很亲密的一种行为。再一个就是爸爸可以用胡子去扎一扎宝宝的皮肤，妈妈如果是长头发的话可以拿头发梢去搔他。另外还可以用排刷、毛笔刺激宝宝皮肤。还有一种触觉球，就是那种带刺的、硬硬的触觉球，在宝宝浑身上下滚。也可以用粗一点的毛巾、绸子、纱巾，拿在妈妈手上伸进孩子的衣服里面轻轻地摩一摩。游泳也是很好的触觉训练，孩子什么时候都会喜欢的。

116. 宝宝2个月了，怎么刺激孩子的触觉？

最好的一种方法就是卷卷提。这种游戏非常简单，一个大人就可以在家做，两个人能一起做更好。做这个动作的时候要用质地好一点的浴巾，最好是纯棉的，把孩子包起来，脖子以上的部位以及两个小手放在外面，用浴巾裹住，从腋下开始，可以缠3~8圈，从一边开始缠，缠过去之后再拉住另一边，孩子就滚出来了，就像卷煎饼一样，卷好以后，再松开。这个动作开始的时候要慢一点，大人提起另一边，慢慢地滚，让孩子慢慢地适应，这个时候大人要跟孩子交流。这个动作孩子3个月以后都可以做。建议每天训练3遍以上，每次卷的次数是4~8次，开始的时候要少一点，等孩子适应了这种动作以后，每天做10次左右也可以。

117. 宝宝3个半月了，游泳的时候总哭，怎么办呢？

实际上是宝宝对水的感觉不行，家长可以让孩子提前预演一下游泳的过程，如经常在家里弄一盆水，让宝宝提前摸摸水，在水里放一些小鸭子、小动物，让孩子玩一玩。如果家里温度够的话，可以买个小游泳池，让孩子慢慢体验一下。到外面的专业泳池一般不要让孩子直接下水，很多家长去了就把孩子扔在水里，又没有提前沟通和引导，这样孩子肯定会害怕的。建议家长先跟孩子玩一会儿，让他适应一下环境，当他看到别的孩子游泳很舒服后，再让他下去，孩子的心里有一个适应的过程，就能消除恐惧感了。

118. 带 9 个月的宝宝去游泳，她却不怎么爱动，有什么好办法吗?

并不一定身体运动才会有消耗，让宝宝漂着也比较好，也能消耗体力。9 个月的宝宝，家长可以尝试给孩子用腋下圈，她会更舒服一些。有一个适应的过程很正常，家长要给她时间去适应，另外妈妈要兴奋起来，积极引导她。有的时候我们带孩子，家长要先调高自己的兴奋点，孩子才会跟着你的兴致走。如唱一些相关的歌；给她玩具的时候不要直接塞在她手里，放到她刚好够不着的地方，这个时候她可能会努力地去够，你就往后撤，引着她活动。孩子在游泳池里肺活量就会大很多，身体受到水的压力，对孩子是会有很多好处的，不是说她只有不停地动来动去，才会有运动量。其实大人也有这样的感觉：在水里泡泡出来后就会觉得很乏。

119. 宝宝夏天出生，最初两个月天天洗澡，后来天冷了不洗了。现在 8 个月了，还能带孩子游泳吗?

过了 4 个月没去游泳，超过临界期了。如果再去游泳，孩子会哭、不下水、害怕、恐惧。孩子在母体羊水里的感觉实际上跟在水里的感觉很相似。孩子的这个记忆大概会维持到 4 个月，这就是我们为什么把 4 个月定为游泳的临界期。4 个月之前家长想办法也得让宝宝游泳，否则孩子忘记了在妈妈母体里面的状态，再让他下水就会很害怕。如果还想让孩子游泳，可以到孩子 1 岁以后。

120. 宝宝 11 个月了，最近去游泳馆时见一个孩子游泳时哭得很厉害，从此，我家孩子洗澡再也不往水里坐了。这该怎么办?

建议家长再带孩子到那个游泳馆里看一下，给他解释一下。可以告诉孩子：大部分孩子游泳都是很高兴、很开心的；你看看这个小弟弟、小妹妹很高兴吧。把这个问题跟孩子说了，让他从心里接受。如果孩子洗澡不坐下也没关系，可以用淋浴。淋浴不影响孩子的触觉发育，淋浴莲花喷头有多种变化，一种是粗的水流，一种是细的，还有中间那种。反复调整莲花喷头，也可以刺激孩子的触觉发育。

121. 宝宝最近好像感冒了，还能不能游泳呢？

感冒了最好不要游泳。冬天如果家里温度不是很高的话，没有必要非得让孩子在家里游泳，也可以出去游，还可以让孩子坐浴，并把家里的温度及水温把握好。同时孩子坐浴时很多抚触方法都可以用，也很容易做。比如把丝巾缠在手上给孩子摸摸，告诉他这是滑的；包上毛巾，告诉他这是软的；拿梳子给他梳一梳，告诉他这是硬的。

122. 宝宝睡眠不好又不太爱活动，有适合他的辅助运动项目吗？

条件允许的话，建议家长让孩子游泳，每周可以游 3 ~ 5 次。洗澡和游泳是两个概念，要让孩子游到他游不动为止，一定要把孩子的体力消耗得多一些，这个时候孩子身体各方面指标就会提高很多，睡眠、饮食都会逐渐有规律。抚触也可以给孩子做一做，每天做 2 ~ 3 次。再就是可以训练孩子拉腕站、拉腕抱、坐抱、卷卷提，这些动作都可以坚持做。加大运动量，能够有效解决宝宝晚上睡眠不好的问题。

123. 宝宝 79 天了，老想让竖着抱，这对他的骨骼有没有影响？

79 天应该没有影响。现在可以先让他锻炼一下，79 天的宝宝可以让他趴下，两个手的前臂垫到胸前，让他抬抬头，如果他自己能把头挺起来，就可以竖着抱了，然后托着他的颈部。早期竖起来抱宝宝，孩子的视野会比较开阔，对他的智力发育是有好处的。

124. 宝宝4个月了，抓东西抓一会就掉，这是怎么回事？

4个月的宝宝已有了有意识抓握东西的动作。看到五颜六色的有趣玩具时，他可能会同时向物体伸出双臂，并用双手去抓。家长可以试着让他多抓抓、多锻炼，随着孩子的生长发育，以后就会抓得比较好了。每个孩子的情况都是不一样的，不要和其他孩子比。而且有些家长可能在早期对孩子进行过一些训练干预，孩子抓得就比较好，没有进行过训练的孩子就稍微差些。建议家长有针对性地加强训练，比如让宝宝平躺在柔软的棉垫上，妈妈把双手的食指伸进宝宝的手掌里，让宝宝紧紧抓住；还可以训练宝宝拉坐；再大些可以训练孩子五指分工；另外，捏橡皮泥的游戏也可以有效地锻炼宝宝手指的抓握力。

125. 宝宝6个月了，一洗澡就哭，有什么好办法吗？

孩子洗澡哭一般是触觉问题，尤其是冬天出生的孩子，一脱光

衣服就会很不适应。这个时候对宝宝的抚触或者穿着衣服的时候成人挤压孩子的身体很重要。适合这个年龄段的游戏特别多，比如连续翻滚、坐、趴，摆荡类的游戏、龙球的游戏等等，宝宝都可以做。但家长首先要知道孩子目前的状态，然后再决定做哪一类游戏。

126. 宝宝 7 个半月了，坐得不是很好，应该怎样训练呢？

要给他准备好餐椅。在宝宝做游戏或者吃辅食的时候，让他坐在餐椅里面，经过一段时间，他就可以慢慢练习坐好了。孩子坐不好还有一个原因，大概是养育人照顾过度，孩子可能一歪倒就会有一只手把他身子扶起来。建议家长把孩子放在床上，后背包括他的两侧放上软垫子或者被子，让他自己坐，坐的时候他即便歪倒了你也不要去扶他，这样他才能通过这个过程自己知道用力，宝宝才会有要为自己的行为和肢体负责任的意识。

127. 奶奶每天给孙女做抚触是跟月嫂学的内容，现在孩子 8 个月了，还要增加内容吗？

可以尝试整理箱游戏。8 个月的孩子应该坐得非常好了，整理箱其实就像是一个小小的洗澡盆。用整理箱做抚触对室温的要求不很高，只要注意在孩子出来的那一刻赶快给她包好就可以了。整理箱的水位一定要到肩膀这个位置，最重要的一点就是她身体全部在水里，水温可以到 37℃。一大箱的水，一般 10～15 分钟之内水温不会有太大的变化，如果你想时间更长一点的话，就把宝宝所有的玩具都扔到整理箱里去，把宝宝引到一边，慢慢再加一点热水，注意千万不要烫着孩子。温度提高 1℃，她就又可以玩了；如果室温达到 22℃ 的话，一箱水可以玩半个小时。

128. 女宝宝九个多月了，醒着不喜欢盖东西，该怎么办呢？

宝宝这是触觉敏感，如果她一直没有游泳的话，建议触觉训练要达到 30 ~ 60 分钟，能用的方法全用上，还需要坚持。除此之外，如抱宝宝出去玩，要让宝宝的手触摸各式各样的东西，这一点非常重要。很多老人在带孩子的时候老是说："这个不能动，脏；那个小花、小草打药了，有毒……"这个不行，那个也不行。其实宝宝在不停地触摸自然界中各种物品的时候也是在进行触觉训练，不要阻止她，注意做好手的清洁就可以了。孩子没有穿封裆裤前，妈妈可以把手伸进去，从后颈部一直慢慢地捋到她的小屁股。注意观察孩子的表情，当你每做一次新的触觉游戏时，你会发现孩子睁大眼睛在体会、感觉，妈妈可以问她："舒服不舒服，什么感觉啊？好玩吧？"大人是可以引导孩子的。

129. 孩子晚上睡觉爱蹬被子，有什么办法改善吗？

孩子蹬被子基本上有两种原因：一是触觉敏感，孩子醒着时蹬被子，睡着以后可以给她盖上。这些宝宝可能没有做过任何触觉训练，所以一有东西挨到她的身体，她就会很不舒服。但是大部分孩子蹬被子，通常是孩子内火大、内燥、难

受。一旦蹬被子就会外感、生病。这种情况家长可以尝试下面的办法：一、给孩子泡脚，注意是泡脚不是烫脚，温温的水，38℃ 左右泡脚，这叫虚火下移，10 ~ 15 分钟就可以了；然后用手掌来回搓脚背、脚心，一只脚 50 次。二、要多喝水。三、做简单推拿，用家长的中指内侧推孩子小臂，由腕向肘方向推 200 次，这种动作连续做上

3～5天，孩子就不蹬被子了。另外，室温要合适，室温太高或盖太多，孩子也会蹬被子。

130. 孩子小时候不在父母身边，从安全感的建立来说家长该怎样补救？

父母可以尝试一下补救的方法：业余时间多陪孩子玩，多和孩子一起做游戏。再就是多和孩子交流，包括语言、肌肤、视线的交流。肌肤的交流如给孩子洗头、洗澡，睡觉的时候摸摸宝宝的屁股或者身体。孩子大了家长不做抚触了，可以捏捏她的全身，或用粗毛巾擦身体。刺激她的皮肤其实就等于刺激她的大脑，对她的大脑发育有好处。或者用木梳梳，或用小排刷刷，尤其是刷腋下、脖子这些怕痒的地方。用电吹风吹也可以，当然不要离得太近。

131. 五个多月的孩子可以使用儿童餐椅和儿童马桶吗？

家长可以给孩子购买儿童餐椅和儿童马桶了，因为这样可以养成孩子良好的生活习惯。从给孩子添加辅食那天开始，就要做到定时、定量、定点、定地方。餐椅的摆放也不能随意，将来想让宝宝坐在哪个地方吃饭就将餐椅摆放在哪里，宝宝餐椅一般可以用到3岁。如果给5个月的宝宝选购儿童马桶，要买后面有腰围的，宝宝可以倚上去。因为这个时候宝宝腰背没有力量，需要后面有一个力量来支撑。如果是女孩子，带腰围的马桶可以一直用到长大；但如果是男孩子，1岁的时候就需要换一个跨式的马桶了，前面有东西可以让孩子趴在上面。

132. 宝宝1岁了，把尿时他不尿，一放到地上就尿了，怎么办？

这种情况家长就不用把孩子了，让他蹲下尿就可以。因为孩子已经很明确地告诉妈妈，我不需要你把尿了，尿尿是我自己的事情。

这在 1 岁以后的孩子中是非常多见的现象。可能孩子选择的地方不太对，没有在指定的马桶里面尿，或者没在小便盆里尿，但是孩子愿意自己蹲下来尿，说明宝宝在大便小便事情上已有个人的主动性了。

133. 可以给 1 岁左右的孩子买一些彩笔让他开始涂鸦吗？

可以。但是建议家长在孩子涂鸦的时候不要限制他用哪只手，爱用右手就右手，爱用左手就左手；也不要限制他什么姿势，不要限制他涂成什么样。当然，孩子在涂鸦的过程中，家长要去欣赏，用赏识的眼光去看、去鼓励孩子。

134. 宝宝 1 岁了，剖宫产，去医院只要看见穿白大褂的就哭，有什么好的办法吗？

剖宫产的孩子容易胆小，如果孩子怕打针，家长可以给孩子试着做一些角色扮演的游戏。比如，在家里让孩子当医生，让布娃娃当病人。通过角色扮演的做法让孩子认识医院、认识医生，了解医治的过程。另外，建议家长多给孩子做一些亲子律动和感统训练，从根本上解决问题。

喂养与护理

135. 宝贝多大可以用枕头？

定型枕是在宝宝一两个月的时候用，用的时间不长。其实一两个月的宝宝还可以拿一个小毛巾，叠一下，大概有 1 公分的高度，当枕头就可以了。随着孩子长大，枕头可以慢慢增加高度。当然枕不枕枕头还是要看孩子，有的孩子不枕会不舒服，比如说会鼻塞啊，翻来覆去的睡觉不踏实。如果孩子不枕枕头依然没有什么问题的话，家长给她枕小毛巾就好了。一般超市卖的小枕头比较厚，最好 2 岁以后再枕。另外，家长可以自己动手做枕头，里面放小米、茶叶、蚕沙，也便于掌握枕头的厚度，很方便。

136. 14 天的男孩，每天晚上只睡 2 个小时，喂奶后也不睡，是怎么回事？

很多家长都会遇到新生儿睡眠的问题。小孩子睡不好，往往与家长不当的做法有关。家里刚有了孩子，大人可能觉得他很弱小，白天睡觉的时候会拉上窗帘，让屋里暗暗的，还会静悄悄地人为地制造出适宜孩子睡眠的环境来。实际上孩子白天睡觉就是要开着窗帘，晚上房间要暗一些；如果晚上只睡 2 个小时肯定白天会补觉，因为这么大的孩子睡眠时间几乎占据了绝大多数的时间，一天睡眠达 16～17 个小时。所以白天大人在家没必要小声说话、悄悄地走路，这样反面会起一些反作用。

137. 孩子出生 16 天时妈妈得了肺炎，治愈后给孩子喂奶没事吧？

妈妈的肺炎已经治好了，宝宝吃奶是没事的。这种病是通过呼吸道传染的，妈妈可以戴那种一次性的口罩，另外要多饮水。一般新手妈妈喝汤多、喝水少，提醒妈妈要保证每天8杯水的量，汤的量略减一点，把水量加上去。一定要明白汤是汤、水是水。妈妈的母乳分前奶和后奶，前奶是解渴的，是那种清汤清水、淡黄色、半透明的，后奶是那种乳白色的，是解饿的。如果光喝汤不喝水的话，妈妈母乳中前奶的解渴功能会降低，搞得宝宝也会上火。

138. 孩子25天，肚子比较硬，是不是撑着了？多长时间喂一次合适？

宝宝肚子比较硬，可能不是撑着了而是腹部有气体，建议妈妈轻轻地按摩宝宝腹部，帮助排气。一般情况下，孩子的胃的消化时间是三四个小时，这么小的孩子应该按需哺乳，不用机械地去卡时间喂奶。

139. 小孩多长时间去查体？

健康体检是4：2：1，也就是一岁之内查4次，每隔3个月查1次，指婴儿满3个月、6个月、9个月、12个月各查1次体。3岁之内每年查2次体，即每隔半年各查1次体。3岁以后每年查1次体。婴儿出生42天左右要到医院做产后检查，了解孩子的喂养及发育的一般情况。孩子3个月时应就近到医院的儿童保健科建立系统管理档案。

140. 孩子29天，妈妈母乳不够怎么办？

新手妈妈乳汁分泌相对少是正常的，妈妈一定要明白奶越吃越多的道理。很多妈妈感觉母乳不多就给孩子添奶粉，结果造成孩子吮吸母乳时间变少，母乳分泌就更少。所以妈妈要有信心，不要着

急，坚持让孩子吃，孩子吸得越多，奶就下得越多。提醒妈妈要多喝汤，鲫鱼汤当水喝都可以。再就是孩子吃奶的姿势要对，孩子嘴小，妈妈乳头大，孩子吃奶光叼乳头的话也会影响泌乳，应该把妈妈大部分乳晕含在嘴里才正确（乳晕是乳头下面发黑的那一圈）。有的妈妈会漏奶，可以用吸奶器吸着或接着，之后用小勺喂给宝宝。只要妈妈心情好、多喝汤、身体没有其他特殊情况，母乳完全可以够吃。尤其是在 6 个月之内，母乳是孩子最好的食品，妈妈要尽量母乳喂养。

141. 宝宝一个多月了，哺乳时老是呛到怎么办？

在喂养过程中，母乳特别充沛就会出现这种问题。母亲在哺乳期喂养宝宝的时候有两种手势，一个是 C 状，一个是剪刀状。如果母乳特别多，建议用剪刀状，这样可以把乳房的上下部分的乳腺先闭塞一下，让左右部分先开通，宝宝吃起来就不会很冲。吃过了比较急的乳汁以后，奶下得不是特别急了，然后再把上下的乳腺松开，这样宝宝吃起来就不会再呛到了。如果经常呛到孩子，最应注意的是防止孩子得肺炎。由于宝宝的吞咽能力不很强，乳汁流量大时来不及往嘴里咽，对宝宝的食道和肺部有一定的影响，发生肺炎的几率比较高，对此家长要特别注意。

142. 孩子刚满月，晚上抱着睡才能睡得好，是怎么回事？

孩子出现这种情况是因为安全感没有建立好。出现这种情况妈妈不要着急，可以让孩子趴在妈妈的身上或趴在妈妈的胸前睡觉，这样孩子就可以获得安全感，睡眠状况就会改善。这样坚持三五天后再由妈妈搂着宝宝一起睡，然后再让孩子逐渐自己睡。还要提醒家长，晚上孩子醒的时候不要开着灯，尽量不抱起来，拍拍他哄哄他，尽量不要改变他的体位，一般不开灯孩子容易继续入睡。晚上孩子一醒就开灯，抱着哄他，反而让宝宝更兴奋，不利于入睡。

143. 男孩刚满月，大便总是挂在屁股上，屁股渍得特别红，怎么办？

首先要注意清洁、卫生，经常给孩子进行清洗。屁股渍得特别红可以采取以下方法：如用手指捏一点痱子粉抹在孩子小屁眼周围红的地方；另外家长可以给孩子做做按摩，每天都给他逆时针推推腹部。

144. 母乳喂养可以量化吗？

民间有一句话叫随哭随喂，就是说孩子如果有需求，他可能尿了、饿了、拉了，感觉不舒服了，就会哭。孩子哭时如果排除其他情况就可以给他喂奶。对于奶粉喂养的孩子实际上也是类似的道理，每个小孩子对母乳或奶粉的需求量是不一样的，没有一个固定的数。大概来说一般标准体重 6 斤左右的孩子，刚出生时一天的奶量大概在 600 毫升左右，分七八次喂。但不同的孩子区别很大，有的孩子可能一次吃 40 毫升，有的孩子一次可以吃 60 毫升。家长可以观察自己的孩子，他吃饱了自然就不吃了。

现在母乳喂养没有间隔时间，是按需哺乳，只要孩子饿了就要喂，前提是每次喂孩子一定要吃饱再睡觉。很多孩子吃奶吃着吃着

就睡着了，过一会儿又醒了，醒了又哭又闹又要吃。如果孩子吃着吃着累了想睡觉了，可以弹弹宝宝的脚心或者动动耳垂，这样孩子又接着吃了，吃饱之后再睡，睡得香也踏实。

145. 母乳喂养的妈妈怎样判断孩子是不是吃饱了？

新手妈妈可以从以下几方面观察：首先看孩子吃饱之后能睡多长时间，如果能睡大觉，说明吃得不错；再就是观察孩子吃完奶之后脸上是不是有一种很满足的神情；另外就是看看孩子吃奶的情况，听听宝宝吞咽的声音，是不是有效吞咽。比如妈妈听见宝宝吸一口奶咽一下，能持续 15 分钟以上，一般吃饱没问题。

146. 怎样判断孩子的衣服是否穿得合适？

要判断孩子的衣服是否穿得合适，我们可以经常摸一摸孩子的后背，孩子要是身上出汗了肯定是保暖过度，穿得太多。如果孩子手脚发凉则需要保暖。一般孩子的穿着比大人多不了多少，你穿多少孩子最多比你多一层就差不多了。

147. 宝宝 33 天时去医院常规检查，回来后老哭是怎么回事？

宝宝的这种表现可能是由于出门的原因。环境改变、声音嘈杂、人比较多，再就是这么小的小孩子没被抱出去过。建议家长在天不冷的情况下，抱孩子出去活动活动。另外要多抱抱孩子，多和宝宝说说话。再就是每天给宝宝做抚触，一定要坚持做，一天抚触一到两次。这样一是能够促进孩子身体的发育，再就是能让宝宝吃得更好、睡得更好、有安全感。碰碰宝宝的手就显得害怕是安全感建立不好的表现，家长要多和宝宝进行皮肤接触，让宝宝多体会触碰的感觉，以增强孩子的安全感，时间长了孩子状况就会好转了。

148. 宝宝四十多天了，母乳不够，从刚满月起一用奶瓶喂她就哭，吃得少会不会影响发育？

如果孩子不习惯用奶瓶，可以试一试用勺子喂。如果换了容器喂还不行，可以试着换换奶粉。再就是需要看看孩子的脾胃消化功能是否不太好，必要时可加点药物调理一下。

149. 孩子四十多天了，适宜穿衣服还是用褓子包着？

孩子这时候是穿衣服还是用褓子包要看孩子出生时情况，如果孩子出生的体重比较大，可以穿上衣服抱着，这样抱起来方便；如果孩子早产，或者体重比较小，比如说四斤多、五斤多，穿上衣服不好抱，可以用个褓子撑一下，抱起来方便一些。包褓子一般包到胸部，所以家长一定要注意孩子头颈的保护。

150. 宝宝 42 天时黄疸未退，遵医嘱停止母乳喂养一周后就不够吃了，有办法改善吗？

这种情况是比较常见的。在喂养的过程中，孩子因为肺炎、黄疸一些事情延误了母乳喂养，母乳的量会迅速地下降。宝宝康复了以后又想继续喂母乳，却发现母乳不如从前了。这种现象发生率比较高，妈妈要有自信，坚持喂养，一般情况一周内就恢复了；只要继续刺激乳头上的神经，乳汁会重新再回来，而且还能达到原来的量。

151. 孩子 53 天了，吃完奶粉后有溢奶的情况，有什么问题吗？

一般情况下，孩子在喝奶的过程中会进一些气，出现溢奶情况是比较正常的。喝了奶之后一些孩子会从嘴角边漾出来一点，但有些孩子嗝比较大就会喷一点出来。可以观察一下孩子的精神状况、大小便的情况，如果这些都没有问题，就属于正常溢奶现象，孩子应该没有什么大问题。有的孩子吃完奶之后要竖起来拍十几分钟才嗝出一口气来，所以吃完奶之后不要让孩子剧烈活动，不要翻身，换尿布的时候动作要轻，有的时候一提他的腿，孩子一口奶就会吐出来。如果孩子溢了一大口奶之后拒绝吃奶，也不怎么排气还哭闹的话，要留心可能有其他的问题，建议去医院检查一下。

152. 宝宝两个月了，从小就很能喝水，这样好不好？

这是个习惯问题，孩子从小养成勤喝水的习惯了。喝水的多少人和人不一样，有的孩子特别能喝水，能喝能尿。但是如果你的孩子平常不大喝水，突然这几天特别能喝，那就要去医院检查了。如果纯母乳喂养，健康状况下不需饮水；配方奶喂养可适当喂水。一般不超过 200 mL/d，不要过多饮水，以免影响奶量。

153. 宝宝六十多天了，溢奶很厉害，怎么办？

这么大的孩子溢奶是比较正常的。因为小孩子胃是水平的，加上贲门那个地方比较松弛，容易产生溢奶现象。所以妈妈要记住，孩子吃完奶之后一定要竖起来抱 20 分钟到半个小时，同时轻轻拍拍孩子的后背，打出嗝来就好了。提醒家长要注意拍的力度，不要使劲拍，有时使劲拍也会拍吐了。

154. 小孩快 60 天了，秋天睡觉时穿什么、盖什么比较合适呢？

建议给宝宝穿上下身分开的衣服，睡睡袋。睡袋抱起来、放下容易，而且上身穿着衣服，胳膊在外面也不用担心。家长还可以在睡袋口的地方加两根带子，或者缝一下，防止孩子睡觉往外窜。室内温度高的时候，孩子上身穿个小衣服，下身光着屁股在睡袋里就行。

155. 孩子快 2 个月了，脖子下面长了湿疹该怎么办？

孩子一旦长了湿疹，可以给孩子晾晾，也可以局部涂抹一些软膏、紫草油或香油；平时家长一定要注意做好孩子的清洁工作。

156. 孩子快 2 个月了，一直吃母乳，现在还能吃别人的初乳吗？

初乳有免疫球蛋白，可以增强免疫力。但是如果孩子很健康，就没有必要多吃。初乳不光是免疫球蛋白高，含的激素水平也很高，因为产妇的激素还没有恢复到正常范围，所以，孩子没有必要吃别人的初乳，吃多了有的孩子会出现乳房发育的情况。

157. 孩子 2 个月了，人工喂养，大便和排气的时候容易闹，睡觉也不很好，这是怎么回事？

人工喂养的孩子会出现胃肠道功能紊乱、便秘等情况，腹痛出现的几率也要比母乳喂养的几率高一些。孩子每次排便的时候腹痛、哭闹其实是一种正常的生理反应，所以当孩子哭闹的时候家长要摸一下孩子的肚子，如果胀就是消化的问题，建议家长给孩子进行小儿推拿治疗。睡眠不好除了要养成好的睡眠习惯外，可以去医院检查一下看是否缺钙。

158. 宝宝快 3 个月了，湿疹长得很厉害，是不是喝奶粉的原因，该怎么办？

这种孩子可能是过敏体质，有可能对奶粉过敏。可以换换牌子，

选择奶粉的时候可以试试裂解比较好的深度水解奶粉，只是这种奶粉比较贵。现在不少品牌都针对爱过敏的孩子出了一些奶粉，家长在选择奶粉的时候，可结合自己孩子的情况咨询一下销售人员。

159. 孩子三个多月了，母乳充足，还需要添加果汁吗?

这个时候不用给孩子添加果汁，妈妈吃水果就可以了。可在孩子满 4 个月后再添加，不建议多饮果汁。

160. 孩子快 3 个月了，白天睡觉，晚上不睡，该怎么办?

睡眠的标准每个孩子不一样，小年龄段的孩子基本上就是吃了睡、睡了吃。孩子目前睡眠时间还是够标准的，但是睡颠倒了。如果孩子身高、体重、精神都好，这种情况下父母一定要下狠心，及时把孩子的睡眠调整过来。可以按下面的办法操作：总的原则是尽量让孩子白天少睡、晚上多睡。调整需有一个循序渐进的过程，家长可以先做个计划，一天调回来 1 小时。如原来早上 8∶00 睡觉，第二天让他 9∶00 睡，第三天可以 10∶00 睡，这样每天延迟 1 小时，大概半个月左右有可能完全改过来，让孩子回到晚上睡、白天玩的正常状态。3 个月的宝宝，在目前基础上如果再多睡点时间会更好，如晚上睡十二三个小时，白天再睡上午、下午两个小觉。

161. 宝宝 3 个多月了，怎么给孩子吃橙子?

最好满 4 个月以后再吃。橙子吃起来最有意思了。如果是脐橙的话，从脐处剜一个小窝，把小刀伸进去来回地搅，用手再捏一捏橙子，剜的小窝里就有橙子汁了，让孩子对着小窝喝，不要煮。孩子一边喝家长一边挤橙子，一会就只剩下皮肉，果汁全让孩子喝掉了。如果想给孩子喝生榨的汁，一定要加水，果汁和水的比例是 1∶1，稀释糖分，避免宝宝吃糖过多对身体不好。

162. 小孩三个多月了，脑袋上长了些黑乎乎的东西是怎么回事？

几乎每个小孩头上都会有黑乎乎的这种东西，它其实是孩子头上那种胎脂、油脂造成的，家长如果一个礼拜给孩子洗一次澡或者半个月洗一个澡也不至于有那么厚厚的一层。所以建议家长应经常给孩子洗澡，头可以一起洗。至于头上厚厚的东西，妈妈可以用香油先给孩子泡一泡，泡软了以后再慢慢地洗一洗，一泡软就容易洗掉了。

163. 宝宝三个多月了，不好好吃奶却老是吃手，是怎么回事？

吃手有很多原因，一个是孩子没吃饱，如果是因为饿，那就喂饱他，喂饱了孩子就不吃手了。三个来月的孩子吃手是很正常的，这叫口欲期。其实这个时候孩子吃手不用管，注意做好手的清洁就可以了。再大些孩子长牙之后，可以给宝宝一个手指饼或者磨牙饼干来吃。考虑到很多孩子安全感

建立得不好，大了还会吃手，建议妈妈要多抱孩子，多和他交流，多和他在一起，帮助他建立安全感。如果仔细观察的话，有些四五岁、五六岁的孩子到新环境后可能也会躲到大人身后去吃手，这就是缺乏安全感的表现。

164. 宝宝晚上睡觉来回晃脑袋，是不是缺钙呢？

首先看看给孩子穿的小衣服或者盖的被子有没有刺激他，造成他不舒服。再看看他有没有脱发，头的周围有没有出现白色的圈和头发稀少的情况。如果有，可能和缺钙有关系，建议家长带孩子到医院检查一下。

165. 孩子三个多月了，曾得过黄疸，后来治好了，不过现在鼻翼还有点黄，是怎么回事？

现在三个多月了，应该去查一查确定一下是不是黄疸，查查肝功看看胆红素高不高，如果正常就不用太担心。皮肤稍微有点黄没关系，如果血液里的胆红素增高，对三个多月的孩子来说应该是比较严重的疾病了，家长需要注意这个问题。

166. 宝宝三个多月了，经常拉肚子，医生让吃益生菌，不知能否经常吃？

对有些宝宝来说，拉肚子是个经常性的问题，家长非常头疼。宝宝三个多月了，益生菌吃了可能有效果，但一旦不吃可能又会拉。建议家长给宝宝做做推拿。拉肚子的话从尾椎向腰椎推，每次50～100下，还可以逆时针地旋转来按摩肚子，再给孩子揉揉足三里，这是一套手法。看孩子拉肚子的情况，还有一个办法就是吃熟苹果、喝熟苹果水都可以。另外，家长可以带孩子去医院的小儿推拿科，治拉肚子挺管用的，两三天就会见好。

167. 小孩快 4 个月了，一直长湿疹，时好时坏，是怎么回事？

看一下是不是太热，她穿的、盖的是不是太多，太热了容易长湿疹。摸摸孩子的后背，别让她出汗。有些家长说感觉孩子小手、小脚有点儿凉，其实稍微有一点儿凉没事，只要孩子的前胸、后背热乎乎的就可以。再就是妈妈吃的东西要注意，比如说带壳的海鲜、花生米等，都容易让孩子长湿疹，有些妈妈吃鸡蛋孩子都会长湿疹。另外，一定要让孩子保持清洁。孩子的盆和毛巾要和大人的分开，专用的毛巾用完之后可以放到阳光下晒，注意消毒。孩子稍大一点湿疹渐渐就好了，不用太担心。

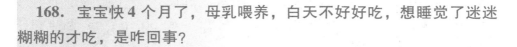

168. 宝宝快 4 个月了，母乳喂养，白天不好好吃，想睡觉了迷迷糊糊的才吃，是咋回事？

　　4 个月的孩子容易受到外界干扰，已经具备和外界交流的能力。有跟外界交往能力的孩子，有时注意力会不太集中、不好好吃饭。三四个月的孩子也会出现厌奶期，厌奶期一般是两个星期左右的时间，经过两周的反复就好了，慢慢会恢复正常的饮食。如果两个星期之后孩子情况还是没有好转，家长要注意给孩子补充微量元素，像锌、铁，防止缺乏微量元素。尽量不要在半睡半醒的情况下喂母乳，一定要在宝宝清醒的时候喂。如果清醒的时候不吃，建议家长狠狠心就不给孩子吃，等他清醒的时候主动寻找了再喂奶。

169. 孩子 4 个月了，一直流口水，该怎么办？

　　一般来说是正常的。此时唾液腺分泌的酶增加，孩子吞咽功能尚不完善，容易出现流口水的情况。可以适时添加辅食，锻炼孩子的吞咽能力。另外，肺热或者胃火都有可能导致这种情况。这时候，妈妈注意不要吃辣的、火大的东西，食物应以清淡为主。这个时候的孩子还是以母乳为主，可以给孩子顺时针揉一揉肚子、捏捏脊。

170. 宝宝 7 天没有大便了，怎么办？

　　这种情况母乳喂养的孩子多见，俗称"攒肚"。宝宝长时间不大便，家长往往会很担心。建议首先观察孩子整体状况怎样，如果精神很好，饮食正常、玩得也好，没有腹胀等症状就不必太担心。另外可以

采取一些措施，比如按摩，具体方法是以肚脐眼为中心，顺时针按摩、揉肚子；还可以按摩腰椎到尾椎，一次 50 下，以帮助孩子排便。

171. 4 个月的婴儿每天喝多少水比较合适？

孩子喝水冬天和夏天的量不一样。夏天出汗多，要喝得多一些；冬天相对冷，出汗少，喝得就少一些。还要看宝宝的活动量大不大，出汗多肯定要多喝一些。因此，喝水的量没有具体的数值，不论是吃母乳还是喂饭，都要根据孩子的具体情况来安排。

172. 宝宝 4 个月，母乳喂养，最近总是吃一会玩一会的，需要添辅食吗？

随着认知能力的提高以及视、听觉发育的完善，这个月龄的宝宝对外界事物感知很敏感，而且对任何看到或听到的事物都很好奇，所以吃奶的时候会"分心"，这是常见的现象。另一方面，这一时期宝宝会有"厌奶"期，只要精神很好，不必太担心。关于辅食添加的时间，主要看母乳是否充沛、宝宝对辅食接受的程度以及肠胃功能如何。一般添加的时间为宝宝 4～6 个月时。因为这个时期是宝宝味觉发育的敏感关键期，过了这一时期宝宝会更难以接受新的食物，一旦这样，对宝宝的口腔器官发育以及语言发育、心理行为等都会造成不良影响。所以，纯母乳喂养的孩子可以在上述时段适当添加辅食。

173. 怎样判断孩子该添加辅食了？

一般认为，4～6 个月的宝宝有几点需要添加辅食的迹象，妈妈可以留意观察。

第一，孩子体重能够达到出生时的 2 倍，能吃能喝，精神也好。

第二，半夜有点闹，老是醒，找吃的，睡眠时间相对较短。以前睡大觉，可以睡三四个小时，现在 1 小时就醒了，还烦燥。第三，喂他东西的时候他知道用舌头找；他不需要的时候，能摇头或者前倾、后仰，表达"我不想吃了"最初的意愿。第四，孩子表现出对大人吃饭的兴趣，甚至想抓或开始吃手。第五，往嘴里塞东西的时候他往外面顶的反射消失，说明孩子母乳或奶粉不够了，需要添加辅食了。大部分的孩子 4～6 个月都有这种变化，4～6 个月是添辅食的黄金时间段。

174. 添加辅食应该遵循怎样的步骤和原则？

所谓添加辅食，是指添加除了母乳或奶粉之外的食物，如蛋黄、米粉、水果泥、蔬菜泥、肉末、肝泥等。

辅食添加首先要一种一种加。开始一般选米粉，3～5 天之内只加这一种，观察孩子对这种食物喜不喜欢，是否过敏，没问题再加第二种，再观察 3～5 天。量要由少到多，一开始就加一勺，第二天可再加量。一开始加糊糊状、流质的东西，然后加泥状的、碎颗粒状的，慢慢地过渡成饼干等；从菜泥、果泥、鸡蛋羹，再过渡到胡萝卜、奶馒头之类的粗纤维食物。小孩子加辅食一定要慢慢来，有些孩子在加了一种辅食之后，表现得不高兴，吐、哭、闹，这时，家长应缓一缓，过两天再加，或者换一种食物。

175. 给宝宝添加辅食应怎样安排？

1～3 个月的孩子，可以添加的辅食是各种菜汁、果汁。可以将大白菜、小白菜、胡萝卜、番茄洗净后用开水烫过、切碎，挤出汁给孩子喝，一勺或半勺逐渐增量。4～6 个月的婴儿，需要适量增加淀粉、含铁的食品。含淀粉的食物如米汤、米糊、米糕，含铁多的食物如蛋黄、菜泥。6 个月婴儿开始长牙了，可以逐渐添加煮烂的米

粥、麦片，一开始每次喂 1~2 汤匙，每天喂 1~2 次，逐渐增量。7~8 个月的孩子，可以喂饼干、碎馒头片，训练婴儿咀嚼功能，帮助牙齿生长。8 个月以后的婴儿可以喂肉粥、肝泥、鱼泥、豆腐脑、鸡蛋羹，每天喂 1~2 次比较稠的粥，也可在粥里加一点菜泥。1 岁左右的婴儿可以吃软的饭、馒头，还可以吃一些容易消化的糕点、碎菜。

176. 宝宝多大时可以加三顿辅食？

　　4~6 个月的孩子刚开始加辅食的时候建议先晚上加，6~7 个月的孩子上午、中午都可以添加了，7~9 个月的时候可以一日加三次，10 个月以上的宝宝就大体可以和成人一样定时定量了，有些孩子晚上还需要加一顿。

177. 给孩子加辅食，添加肉类、鱼类、肝类多多益善吗？

　　7~8 个月以上的宝宝，在保证奶量的前提下（600~800 mL）可逐渐增加辅食。之所以强调吃肝泥、肉泥、鱼泥，是因为宝宝生长发育需要最多的就是蛋白质；再者，肝泥、肉泥里边的微量元素可能是母乳或其他食品里没有的，所以吃这些东西还能补充补充微量元素。当然，如果母乳里蛋白质足够多的话，再人为地加蛋白质，孩子的肠胃功能负担就会非常大，反而是吃得越多，孩子越瘦，脾胃功能消化很差，经常闹肚子，大便干燥。所以，辅食可以添加，但是一定不要添得太多。

178. 宝宝快 5 个月了，有时尿尿肛门会有点屎挤出来，周围还有点红，需要去医院或调理吗？

　　吃母乳的孩子大便相对来说稀一点，次数也多一些。如果孩子身体比较健康，精神也好，不需要特别在意。肛门周围有一点红，是因为孩子皮肤比较嫩，比较敏感，家长注意孩子每次排便之后给他清洗清洗，抹点油。

179. 宝宝5个月了，母乳喂养为主，早上吃点蛋黄、两勺米粉，近两天没有大便，是怎么回事？

孩子突然不大便的情况，要看情况具体问题具体分析。如果是加了米粉和蛋黄后，孩子不大便了，这个时候要先停停辅食。建议给孩子多喝点水，再观察观察。另外提醒一下刚开始添加辅食的家长，辅食要一样一样地加，不要集中在一起加。

180. 五个多月的宝宝总是用手抠牙床，晚上还闹，是怎么回事？

从月龄上看宝宝应该是因为长牙痒痒，感觉比较难受。家长可以给孩子用点牙胶。还有一个方法，妈妈手上缠上干净的消毒纱布按摩一下宝宝的牙床，帮助他缓解一下。

181. 孩子5个月了，晚上十点多才睡，早上五点多就睡不踏实了，是什么原因？

首先看看孩子是不是痒或者热，看宝宝盖的被褥多不多，屋里的温度热不热，如果孩子热的话是难以睡踏实的。有的时候我们会发现，孩子凉凉的，反倒会睡得很好。另外，如果白天孩子的运动

量少，也会影响睡眠。五个多月的宝宝应该翻身、为坐做准备了，要看宝宝是否做得到，如果做不到，就应该增加一些运动量。

182. 孩子五个多月了，已添加辅食，刚喂了一勺米粉下一勺就等不及了，又哭又闹的，该怎么办？

建议可以给孩子多做抚触，一周最少 2 次，还要坚持让孩子游泳。除了游泳之外，孩子每天晚上睡觉之前，妈妈把手搓热，然后伸到孩子的身体上，接触他的皮肤，给他全身按摩（不一定非要按照穴位）。在孩子哭闹的时候，一定要给孩子语言上的回应。

183. 孩子五个多月了，添加辅食一个多月来，白天睡眠好，但晚上睡觉不好，跟添加辅食有关吗？

这个和添加辅食关系不大，原因之一可能是缺钙引起的。像这么大的孩子如果没有注意补钙的话，会睡眠不踏实，孩子会有惊醒的感觉，可以给孩子补补钙。原因之二也有可能是饿了，没吃饱也会出现这个现象，建议晚上孩子睡醒以后，再给他添加奶粉试试。

184. 宝宝快 6 个月了，刚刚添加辅食，是不是太晚？

4～6 个月添加辅食都不算晚。既然已经开始添加了，就要循序渐进地慢慢添。具体顺序为：强化铁的米粉，蔬菜泥，水果泥，蛋黄。

185. 宝宝马上 6 个月了，湿疹过敏，可以吃米粉和菜粉，辅食添加该如何进行？

孩子 6 个月的时候首先要看宝宝吃母乳的情况，看吸吮时有没有力量。如果有力量的话，这个时候可以给宝宝加一些面条，孩子会去吸面条，但面条不要太长，不然会卡着；加一段时间的面条后，孩子就可以整根地吸着吃了。还有一个就是做菜，妈妈要多动动脑筋，比如把胡萝卜搓成茸，西红柿剥皮切成丁，然后用油、葱、姜煸锅，把这些菜茸啊、菜丁啊放进锅里翻炒成糊糊状，之后把这些糊糊状的东西浇在面条上，就成卤子面了。西红柿和胡萝卜的维生素都是油溶性的，这样做吸收会比较好。要注意的是，家长要及时观察孩子是否出现食物过敏并确定过敏原。

186. 宝宝 6 个月，混合喂养。但近几天奶粉就吃一点儿，却爱吃米粉，没什么事吧？

先找一下原因，看有没有环境变化的因素，如保姆突然换人了或是经常看着她的奶奶走了。有句老话说猫三天狗三天，孩子不可能整天精神、食欲很好。经常有家长发现孩子怎么今天突然不爱吃饭了，或者这两天精神不好了，作为孩子，这种情况很正常。只要宝宝精神好，身体整体状况不错，哪怕吃得少一点，家长也不用担心。

187. 孩子 6 个半月了，可以把生虾皮磨成粉给孩子吃吗？是否可以天天吃？

只要孩子没有什么不适就可以，应该没什么问题。虾皮含钙比较多，但要给孩子吃淡虾皮，如果虾皮咸的话，可以先洗一洗再磨粉，也可以在蒸蛋羹的时候放到里面，控制好虾皮的量，尽量让孩子吃的食物盐分少一点。

188. 孩子喜欢趴着睡，对发育有影响吗？

这个跟孩子的睡眠习惯有关系。有一些孩子的家长比较崇尚美

式的抚养方式，美国人主张孩子趴着睡，他们认为这样对孩子发育好。但现在有些美国人也开始拒绝这种趴着睡的抚养方式了，因为孩子趴着睡容易压迫心脏，而且可能导致鼻腔或呼吸道受到压迫；而且，趴着睡的孩子呼吸受抑制的现象要多于仰睡或侧卧的孩子。所以，家长应该转换孩子的睡眠方式，侧卧是最安全的。

189. 宝宝6个月了，吃母乳，添了青菜、水果、米粥，没添蛋黄，会缺铁吗？

　　六个多月可以加蛋黄了，也可以添肉泥、鱼泥和动物肝脏。铁不是一天不吃就缺，它在体内是有储备的，不是说必须天天补。喂奶的妈妈在孩子6个月后常常从周边人那里听到"现在就断奶"的建议，还会说6个月后母乳的营养价值大减了。也有人因为母乳中含铁少而换成了奶粉；甚至有的大夫发现孩子贫血，让孩子妈妈立刻停止母乳喂养，换成含强化铁的奶粉。而越是这个时候，越需要母亲明智的判断。母乳中有很多营养成分，如果单纯因为铁而断掉可谓得不偿失。与之相比，宝宝6个月后，一边补充铁，一边继续母乳喂养更为明智。

190. 宝宝6个月了，最近食欲突然减退了，是怎么回事？

　　如果孩子没有其他问题，只是饭量突然减小，首先要判断是不是积食了。如果孩子嘴里出现发酸的味道，已经不是香味了，就要考虑是不是哪天吃得有点儿多了。一般像半岁左右的孩子，有辅食添加再有奶粉，就需要家长把握好量。奶粉以前吃160毫升的时候辅食量跟现在是不是一样的？以前没有添加辅食是这些，添加了辅食奶量自然会下降，要综合孩子吃的所有的东西，做一个总量的计算，而不能只拿奶粉来计算。

191. 宝宝6个月了不爱喝水，有什么好办法吗？

6个月应该是孩子学习用杯子的一个敏感期，可以给他买一个鸭嘴学饮杯，带把手的，不要吸的，要那种倒过来就能流水的那种。孩子都会对奶瓶有所依恋，这个旧习惯不容易被忘掉，所以在孩子想找到一个奶瓶的代替品但还不会使用杯子的时期，让他使用学饮杯是最好的选择。

192. 宝宝用学饮杯要注意什么？

首先，8个月以内的宝宝用的学饮杯中最好没有吸管。使用带吸管的学饮杯，吸吮的力度和难度要大于没有吸管的学饮杯，而且宝宝到了1岁以后才可能掌握这种吸吮的技巧。因为1岁以内的宝宝习惯抱着奶瓶（奶瓶底向上），如果学饮杯中有吸管，这种方式就很难喝到里面的液体。所以要把学饮杯中的吸管拿掉，让杯子里的液体流动更自由，减少宝宝的挫败感，增加他对使用杯子的兴趣。家长要做好准备，随时清理溅出杯外的液体。其次，宝宝刚开始使用学饮杯时，要给他喝些他熟悉的液体，陌生的东西会使宝宝抵触使用学饮杯。如果想让小宝宝较好地接受学饮杯，最好在里面放些他喜爱喝的东西，比如母乳或配方奶。

193. 孩子刚过半岁，从小睡眠就不好，现在晚上睡1个小时醒一次，是否不正常？

这种情况不太正常，1个小时醒一次的确太频繁了，睡眠一直不好应该去医院检查一下。睡眠出现障碍原因很多，出生的时候有没有什么问题，这都要全面考虑。另外建议家长让孩子白天少睡点，这样晚上的睡眠会好一点。如早晨起来6点醒了，妈妈喂了奶以后上班了，到9点半可以开始睡，最多睡到11点起来玩玩，然后中午

吃饭。下午 1 点来钟睡到 2 点、3 点，不要让孩子从 3 点一直睡到 6 点。再就是看看孩子有没有缺钙的症状，可以到医院检查一下，是否需要补充维生素 AD 和钙。

194. 宝宝 6 个月了，白天不睡觉，抱着也只能睡两三个小时，有什么办法吗？

6 ~ 12 个月的宝宝大概每天睡 14 ~ 16 个小时，不同的宝宝因为个体差异，睡眠时间也会不一样。这个宝宝的情况没有什么好办法，他可能属于高度兴奋型的，白天可以加大活动量。我们都知道，孩子多睡眠才有利于生长发育，所以妈妈要尽量想办法让孩子多睡一会儿。可以试试搞一个婴儿床或者摇篮摇一摇他，帮助他进入睡眠状态；也可以延长抱宝宝的时间，让宝宝处于深度睡眠状态后，再把他放到床上。

195. 为什么宝宝睡觉的时候喜欢举着双手？

宝宝躺着睡觉的时候喜欢举着双手，这是和宝宝的身体结构有关系的。宝宝举着双手，好比是散热器，需要保温的时候就会收缩血管，将血液集中在身体的中心；需要散热的时候会通过

分布在手上的血液让热量输送出去。这个姿势叫做万岁姿势，不用给孩子纠正。

196. 孩子 7 个月了，吃不吃东西都有恶心的情况，是怎么回事？

这是脾胃的问题，建议给孩子揉揉肚子，这是最简单的办法。

先反着揉再正着揉，每次 3～5 分钟；或者到中医推拿门诊请大夫推拿。

197. 孩子七个多月了，医生说他的头颅还有一点就全闭合了，是否正常？

7 个月是有点早，一般是 10 个月以后才闭合。不知道这个孩子是不是平时补钙特别多？如果孩子缺钙症状不是太严重就别再补了，虽然是接近闭合但是还没有闭合，再观察一下看看吧。如果过早闭合的话就怕引起小头畸形。

198. 宝宝 8 个月了，一直光吃母乳不喝水，有什么好办法吗？

其实这不是病态现象。生活中我们会发现有的孩子特别能喝，有的孩子特别不能喝，纯粹就是喂养习惯问题。家长可以想办法培养宝宝喝水的习惯，一次先少喝一点，哄着宝宝喝。另外，孩子添加辅食以后，可以在辅食里多放点水，加得稀一点，喝点米汤、小米粥，稀一点含水分就多。或者在喝奶粉的时候多兑一点水，兑得稀一点里面水分就多了。

199. 8 个半月的宝宝，到下午就有湿疹，吃药就好，吃点蛋黄就又开始了，怎么办呢？

假如家长发现孩子起湿疹和吃蛋黄有关系，那就不要吃蛋黄了，他可能有的时候对这个东西敏感。8 个半月的孩子还是要以奶为主，不管是母乳还是奶粉，一天补充的奶量要够。妈妈没有母乳了孩子又不喝奶粉，蛋白质就会不够，为了让孩子喜欢喝奶粉，家长可以尝试换一种奶粉，给宝宝换一种口味。还有一种做法，就是把他喜欢吃的和不喜欢吃的搀在一块，培养口味，口味真的是要培养的。8

个半月的孩子肠胃功能很脆弱，如果喂不好，孩子就会出现拉肚子或便秘的状况。

200．宝贝9个月了，吃了又吐还拉肚子，积食了该怎么办？

孩子的情况是典型的积食，幸亏她吐出来了，要不然孩子就要发烧。其实，孩子一旦吃多了就吐出来，这反而是一件好事，不至于在肚子里更难受。妈妈总担心孩子吃不饱，要加奶粉的话可以在她睡前一个小时喂，吃完之后让她坐一会儿，停半小时后设法让她活动一下，然后再睡觉。不能吃了奶粉紧跟着吃母乳，这样就算成人也受不了。

201．9个月的孩子不爱喝水，可以用果汁或饮料来代替水吗？

家长千万不要用饮料和果汁代替白开水。饮料含有糖分，长期饮用会造成孩子摄入糖分过多，成为小胖墩。而且大量的糖分不能够为人体所吸收利用，需要从肾脏排出，使尿液发生变化，日久天长容易引起肾脏的病变，还会对婴儿的牙齿造成不利影响，甚至造成营养不良。其实喝烧开的自来水既安全又实惠，不仅如此，自来水当中还有效地保留了人体所需的大量营养元素。当孩子不喝白开水时家长也不要着急，可以稍稍在水中加点葡萄糖或果汁，有点淡淡的味道就可以了，而且下一次味道要更淡，慢慢向白开水过渡。另外还可以采用孩子感兴趣的容器，9个月的孩子可以训练用杯子喝水了，换一个漂亮的杯子也可能会引起孩子喝水的兴趣。

202．宝宝9个月了，可以喝豆浆和酸奶了吗？

其实豆浆、酸奶这些东西也都属于辅食，第一次先给一口，看看孩子的情况，如果没问题再多给。但还是建议孩子大一点再喝酸奶，现在还是应该以母乳和配方奶粉为主。另外，有一样东西是1

岁之前不要给孩子吃的，那就是蜂蜜。

203．宝宝9个半月了，最近肚子不胀但一直嗝气，是不是与换奶眼大的新奶瓶有关系？

突然给孩子换了一个奶眼大的奶瓶，他吃奶的时候，吸奶的力量比小时候大了，所以吸奶的同时会吸进去一些空气，所以宝宝就会嗝气。建议宝宝吃完以后家长给他拍一拍，有气让他嗝出来，这样他肚子里面会舒服一些，也不会引起其他的问题。因为他已经9个月了，可能再适应两三天就好了，所以不需要给他用药。

204．孩子快10个月了，如果一直吃母乳好不好？什么季节断奶比较好？

如果孩子不喜欢喝奶粉，吃母乳再加辅食喂养是可以的。现在国家提倡母乳喂养，最好在孩子1岁半~2岁之间断奶，除了营养因素外，其实还考虑了孩子情感和心理的需求。断奶最好选在孩子不大生病的季节，建议选择4月底~5月初和国庆节前后作为断奶的最佳时间。

205．宝宝10个月了，喜欢自己拿勺子和碗吃饭，家长应该怎么办？

孩子喜欢拿勺子和碗吃饭，其实是用这种信号来告诉家长："我对食物感兴趣，对餐具也感兴趣。"家长就要满足他。在吃饭的时候，家长可以给孩子准备一个小碗、一把小勺，但是汤汁类的可以先不给他，先把馒头掰成小块放到碗里，让他用勺子去舀。小孩子用勺舀的过程，就是在锻炼手眼协调的能力。如果孩子能够准确地

把食物舀起来放到嘴里，他会获得成就感，对孩子的适应能力也是一种很好的锻炼。

206. 11 个月的孩子喂多少最好？

喂多少合适要看孩子饮食量的大小，根据他平时的饮食量来定，因人而异。家长观察到宝宝不愿意吃了，就可以不喂了。给孩子喂食物一定要适量，不要喂得太多，让孩子吃饱就行。如果孩子吃着吃着开始左顾右盼了，就提示家长他已经吃得差不多了；如果孩子摇头表示不吃了，就表示吃饱了。

207. 孩子快 11 个月了，晚上睡着了手老是挠肚子，是怎么回事？

平时妈妈要多和孩子交流、做游戏，如果白天不满足孩子，晚上他就老想跟妈妈在一起，睡不好是自然的。和孩子玩的时候，要和孩子用心地去交流。其实陪伴的质量非常重要，有的时候即使妈妈亲自带孩子，如果心不在焉，孩子也会觉得妈妈没陪他。举个例子，有位妈妈说：孩子一岁多，最近她也没有出差，但是有一天回到家孩子却说，妈妈，我已经好久没看见你了。其实这是陪伴质量的问题，陪伴质量不高会导致孩子晚上睡不好，也会频繁吃奶。

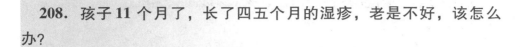

208. 孩子11个月了，长了四五个月的湿疹，老是不好，该怎么办？

从病程上来看，应该是给孩子添加辅食之后出现的湿疹。有可能是宝宝对食物当中的某一样东西过敏，鸡蛋或是鱼、虾等，具体是对哪一种过敏建议到医院做过敏试验。生活中家长也可以注意观察记录每天的食物种类和过敏的轻重情况，如停喂一段时间的鸡蛋看看，再停一段鱼、虾看看，观察孩子湿疹有没有好转，来判断孩子对什么食物过敏。一旦发现孩子对某种食物过敏，最好停一段时间再吃。

209. 天气不是很热，为什么宝宝晚上睡觉会出那么多汗？

宝宝在睡眠当中出汗是常见的事情，家长不必过分担心。主要原因有：一、宝宝盖被子太厚，捂得太严。因为孩子大脑神经系统发育还不完善，又处于生长发育期，机体的代谢非常旺盛，再加上盖得厚、捂得严，只有通过出汗来蒸发体内的热量、调节体温使之正常。二、睡觉之前喝牛奶、奶粉，吃巧克力，都会引起出汗，所以，最好在孩子睡觉前1个小时给宝宝喂奶。孩子入睡后机体有大量的热能，要通过出汗来散热。

210. 什么是生理性的出汗？

孩子出汗分生理性的出汗和病理性的出汗。不少家长认为，孩子虚汗不断是因为体质虚弱，其实有相当部分的小孩都是生理性的多汗。生理性的多汗是指孩子发育非常好，身体健康，没有任何疾病引起睡眠当中的出汗。如果室温过高或饱暖过度、夏天天气闷热、卧室通风不畅的话，宝宝都容易出汗，这都属于生理性的出汗。生理性的出汗多见于头、颈部，常在入睡之后半小时内发生，深睡之

后逐渐消退。对于生理性的出汗，家长不必过于担心。

211. 什么情况下孩子是病理性的出汗？

孩子在整个睡眠过程中都出汗，而且是大汗，这就和体质有关系，中医认为是阴虚或者气虚。通常讲，体质比较弱的孩子容易出汗。出汗会丢失水分、电解质，如果出汗很多，最好对症处理吃点药；如果不厉害，可以不作处理，多喝水就可以了。孩子安静的状态下也会出现病理性出汗的现象，家长要引起重视。如佝偻病的出汗，表现为入睡后的前半夜，小儿头部明显出汗；由于枕部受汗液的刺激，宝宝经常在睡觉的时候摇头，因摩擦就造成枕部头发的稀疏和脱落，形成了典型的枕部环状脱发，也就是我们平常所说的枕秃，这是婴儿佝偻病的一个早期表现。家长如果及时发现并及时地给宝宝来补充维生素 D 和钙，这种情况就会得到控制，出汗的症状也会有明显好转。

212. 1 岁的宝宝喝纯牛奶还是喝酸奶？

如果家庭条件不错，建议 1 岁的宝宝喝配方奶粉。有些孩子不爱喝奶粉，愿意喝纯牛奶也可以。如果孩子第一次喝牛奶，建议家长把牛奶加热之后稀释一下，一半水一半牛奶，稀释之后喝一次，观察大便等方面的情况。如果喝了没问题，第二天再稀释到三分之二，还没有问题第三天就可以喝纯牛奶了，因为孩子的肠胃要有一个逐渐适应的过程。如果是酸牛奶，一天喝 100 毫升 ~200 毫升都可以，含有双歧因子的酸奶对消化功能有好处，孩子也可以喝一点。

213. 宝宝 1 岁了，天热了不爱吃饭怎么办？

天气热会影响孩子的消化功能，很多家长都会发现自己的孩子不喜欢吃饭了。家长要尽量想办法把屋里温度降得凉爽一些，看看孩子能不能胃口好一些。另外，可以试着用点小儿消食片促进他的食欲，提高他的消化功能。1 岁的宝宝活动量也要跟上，不要一天到晚老是抱着，运动量如果跟不上的话，也会影响宝宝的食欲和消化功能。

214. 1 岁的孩子饮食应该加肉吗？

1 岁孩子的食谱上瘦肉怎么也得有半两到 1 两，像鸡蛋这么大一小块，但是好多孩子的食谱根本达不到。孩子一般碳水化合物，如粥、面条、稀饭吃得比较多。加点菜泥的做法好像多一点，但是加肉的很少，家长总觉得 1 岁的时候牙还不多，所以不加。其实作为孩子，这个时候无论他有一两颗牙，或者没有牙，也一样可以吃瘦肉末。比如可以把瘦肉末放在鸡蛋羹里面或者粥里面与蛋清一混合，这样做其实是很嫩的。一开始吃不需要达到半两到 1 两这个量，但是要让孩子去尝，肉的量由少变多，逐渐加上去就可以了，有牙没牙不是关键的问题。

215. 宝宝 1 岁了，喂奶粉一次只有几十毫升，一天两三次，是不是吃得偏少了?

1 岁的孩子吃这些是有点偏少，如果添加辅食正常的话，到这个时候基本上可以和成人同桌吃饭、同时吃饭，只是吃得稍微精细一点。孩子要是不认奶瓶，喂养起来确实比较麻烦，可以试一下更换不同的奶嘴；如果实在不认奶瓶，可以买那种小孩专用的色彩很艳丽的小勺，用小勺子去喂；也可以用杯子喝奶。

216. 1 岁的孩子怎样让他对吃饭感兴趣?

第一，家长吃饭的时候要让孩子看着咀嚼，不断地示范。如果喂饭，要用小勺子一次喂一点，一定不要太多，以免宝宝对食物产生抗拒心理。第二，家长要提高厨艺，食物的种类要多样，色彩要艳丽，用食物的色、香、味、形来吸引孩子，不让孩子感觉吃饭是一种负担。第三，1 岁的孩子喜欢动，喜欢抓，可以让他用小勺或自己抓着吃面条、水果之类的食物。吃饭时最好给孩子准备一套属于他自己的漂亮餐具。第四，饭前要保持孩子精神愉悦，大家一起吃饭，让他在一个愉悦的环境中进食，尽量不在他不高兴的时候喂。第五，如果孩子表现拒食，家长不要强迫或不高兴，可以暂缓一下。孩子不想吃饭的时候，家长应该狠狠心饿一饿他，待宝宝有饥饿感后再喂。

217. 宝宝一岁多了，剖宫产，每天只吃一顿饭，剩下两顿吃两口就不吃了，再喂就哭，是什么原因?

吃得少可能跟孩子的运动量不足有关系。他不需要，你再强喂，他的脾气就大。他现在的脾气跟剖宫产是有关系的，剖宫产的宝宝没有经过产道挤压，因而触觉和平衡都不好，对于外界来的突发事

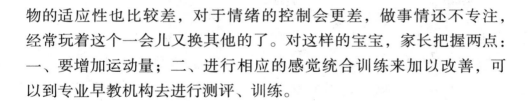

物的适应性也比较差，对于情绪的控制会更差，做事情还不专注，经常玩着这个一会儿又换其他的了。对这样的宝宝，家长把握两点：一、要增加运动量；二、进行相应的感觉统合训练来加以改善，可以到专业早教机构去进行测评、训练。

218. 孩子1岁2个月了，从小是妈妈自己带他，不想吃饭，就吃母乳，光晚上得吃六七次，不给就哭。是不是该断奶了？

孩子目前的情况妈妈要承担很大的责任。首先，宝宝应该尽快地断奶，其次要让宝宝养成规律的饮食习惯。妈妈要了解，现在母乳里面的营养成分已经达不到孩子生长发育的需求，这么大的孩子饮食应该很规律了，现在一天吃很多次母乳只是个习惯性的行为，所以应该尽快断奶，宝宝吃上饭以后食欲也就好了。

219. 孩子1岁2个月了，一直大便干，每天用开塞露，还有什么好办法吗？

不建议每天使用开塞露，以免造成习惯性便秘。可以采取以下措施：多吃蔬菜水果，每天定时坐盆大便，吃点肠道益生菌（如妈咪爱）或乳果糖等。此外，要让孩子多运动，再就是多给宝宝揉肚子。便秘需要顺时针揉，可以促进宝宝排便。一天早晚两次，中间再揉一次也可以，一次揉上50~100次，一开始50次，以后再多加一些次数，绕着肚脐揉。

220. 孩子1岁了，现在吃海参或海鲜类的食物可以吗？

海参是海产品，是高蛋白食品。虽然吃这些食物没有问题，但是给婴儿吃容易引起过敏，并且孩子吸收很差，即使再怎么加工，吸收率也很差。所以，给孩子吃海参一是有过敏的危险，二是吸收

不好、增加胃肠道负担。如果家长想给孩子补充蛋白，牛奶和鸡蛋是最好的食物，完全没有必要给孩子吃海参；如果实在要吃，最好到孩子三四岁以后。另外，孩子在 1 岁之前尽量不要吃虾仁和虾，鱼类是可以的。孩子到了半岁之后，可以适当吃鱼，鱼的蛋白也非常好，吃鱼能使孩子聪明、健康。

221. 孩子两岁多了，不爱吃饭，每天都要喝很多白开水，该怎么办？

每个孩子饭量都不一样。孩子吃得多与少由两个因素决定：一是孩子对于食物的需求，二是吃饭的环境。家长有没有给孩子一个好的饮食环境？如七八个月的孩子喜欢用小手抓餐具，这时候如果家长不允许这样做，就剥夺了他对食物、进餐的兴趣，扼杀了孩子的需求。1 岁后孩子会走了，家长为了能让孩子吃上饭，跑着、躺着、看电视都让他吃。吃得太零散，量也不好把握，孩子的胃就会缺乏饥饿感。由于以前没有建立好的饮食习惯，孩子现在才对吃饭缺乏了兴趣。现在，家长首先要把食物的花样弄多一些，弄好看一些。其次，2 岁左右的孩子可以让他主动去吃，不要在意把衣服弄脏、把饭菜弄撒，让他体会吃饭的快乐。另外要增加孩子的运动量，再查一下是否缺锌。

222. 孩子快 3 岁了，不喜欢吃青菜，爱跑着吃，该怎么办？

这个孩子胃肠功能不好，平时可以多揉揉肚子，顺时针逆时针都行，这样可以增加孩子的胃肠功能。蔬菜还是要给孩子吃的，如果不喜欢吃炒的青菜可以包饺

子，给孩子做的饭时常换换花样。如绿的青椒、黄的胡萝卜、红的西红柿、白的米饭，颜色鲜艳一点儿搭配起来，量不要太多，让孩子不知不觉吃完了还想吃。再就是宝宝吃饭的时候和大人一起吃，他看大人吃得挺香，他也会吃。要给孩子营造吃饭的氛围，如果还是跑着喂饭的话，家长就不要喂了，饿一顿，以后孩子就会老老实实坐着吃了。还可以用游戏的办法，比如说比赛，碗里的饭只要吃了就可以，当然不要让孩子吃得太快，只要把碗里的东西吃光了，就可以答应孩子的要求。

223. 宝宝今年 3 岁了，很瘦，不吃鸡蛋不吃肉，有什么好办法吗？

有些家长总认为自己的孩子比人家的孩子瘦，但是经过医生的检测身材还是可以的。尤其这个时期的孩子不像婴儿期胖乎乎的，只要孩子身高和体重相辅相成，家长就不用担心。假如家长看着特别瘦，感觉不成比例，建议到医院检查一下，医生会有一个综合评价。孩子不吃肉和鸡蛋属于挑食，可能是因为小的时候家长做肉做得不够好，如肉比较硬，孩子不爱吃。饮食习惯要从小培养，长大了才能不挑食。3 岁的孩子改起来较困难，家长要有耐心，多尝试，量上不要求多，慢慢会好。但不要逼迫，逼迫会使孩子产生逆反的心理。如宝宝喜欢吃面条和馒头，可以用瘦肉汆丸子、包水饺，还可以把宝宝爱吃的菜和肉丝放在一起做。

224. 反季节的水果可以给孩子吃吗？

给孩子吃水果是个好习惯。最佳的做法是，家长可以把宝宝吃水果的时间安排在两餐之间，或者是午睡醒来之后，根据宝宝年龄的大小以及消化能力的强弱，每次给宝宝适量的水果，一次 50～100 克为宜。把水果制成适合宝宝消化吸收的果汁、果泥和果粒都是可

以的。不建议给孩子吃反季节的水果，还是尽量让宝宝吃应季的水果吧。

225. 孩子吃零食的时间应怎样把握？需要注意什么？

孩子的胃容量比较小，一次进食量有限，所以需要在两餐之间适当加点零食，以补充营养，满足宝宝对能量的需求。零食应是合理膳食的组成部分，不应该仅根据口味、喜好来选择，更不能用零食来代替正餐。所以，正确选择零食的品种，合理安排零食的进食时间，既可以增加孩子对饮食的兴趣，还有利于宝宝营养和能量的补充，避免影响主餐食欲和进食量。即使是选择了无害的零食，也不能毫无节制地给孩子吃，要坚持一些原则。比如在不影响正餐的情况下，适量地给孩子零食，零食的品种和量家长都要把关。如食用坚果类的零食时，父母要在旁边看护着；吃零食一定要先洗手，吃完零食要漱口，养成良好的卫生习惯。

226. 宝宝快两岁了，吃一些粗粮、燕麦对孩子发育有好处吗？

营养是孩子全面发展的物质基础，以谷类为主的食物是平衡膳食的基本保证。只有食品多样化才能保证营养的全面，粗细的搭配有利于合理地摄取营养。1岁以后的孩子随着消化功能的不断健全，可以适当增加一些加工精度低的米、面，像小米面、玉米面、燕麦片等等，对孩子都是有好处的。

227. 孩子能吃洋快餐吗？

洋快餐具有高脂肪、高蛋白、高热量、低维生素、低矿物质、低纤维素的特点，食品营养配比是不合理的，容易引起孩子脂肪堆积、营养过剩，造成孩子的肥胖症。所以建议家长尽量少让孩子吃洋快餐。

228. 宝宝可以吃的零食种类有哪些?

第一类零食,营养素的含量非常丰富,含有或者是添加了低量的油、糖和盐。像豆浆、鲜榨果汁、红豆汤、八宝粥、豆花,这些是可以经常食用的。

第二类零食,营养素的含量是相对丰富的,含有和添加了中等量的油、糖和盐。像孩子平时比较愿意喝的果汁饮料、果汁牛奶,喜欢吃的面包、果冻、布丁、小馒头,也可以让孩子适量食用。

第三类零食,添加了比较多的油、糖和盐,提供的能量较多,但是几乎不含多少其他营养素,如碳酸饮料类,这些食物一定要让宝宝限量食用。

最后一类食物是要限量的,像奶茶、巧克力球、软糖、海苔、鲜贝、薯片、蛋糕、苏打饼干、泡芙,另外像汉堡、薯条、披萨、热狗、鸡块等等,都对孩子的健康发育不利,都必须限量食用。

229. 孩子总喜欢吃一些家长不让吃的零食怎么办?

为了孩子的健康着想,家长不得不对孩子的零食加以限制。但想让孩子与碳酸饮料、油炸、膨化食品完全绝缘是不可能的,即便不买,在孩子的社交圈里,这些零食也会流传。所以零食控制是需要的,但控制得太严往往会与家长的初衷背道而驰,造成零食越禁诱惑力越大。既然没办法做到完全禁止,家长不如改变方法,从完全禁止到有条件地允许孩子少量品尝,告诉他,这些食物只能少量吃,知道味道就可以了。如棒棒糖不可以多吃,吃多了牙齿会被小蛀虫蛀掉。生活中这样的事情非常多,家长在应对孩子的无理要求时也有很多妙招。如有的妈妈从来不在家里堆积那些乱七八糟的零食,而是将洗干净的水果切成各种有趣的形状放在小盘子里,以便宝宝随时抓取食用。

230. 孩子是自己睡好还是和大人一起睡好呢?

一般 3 岁前妈妈要带孩子睡, 工作之余尽量抽出时间来陪孩子。3 岁以后就可以分床了。过去说两个大人带一个孩子睡觉是典型的"川"字型结构, 从健康的角度来讲不好, 主要考虑大人在旁边呼出的二氧化碳都被孩子吸收了; 很多家长也会感觉到孩子和大人在一张大床上不方便, 如翻身互相影响。研究表明, 3 岁前孩子最好和妈妈在一起睡, 主要考虑到孩子的心理发育需求。要说培养孩子的独立性, 3 岁之前太早。其实大人和孩子一起睡并不一定要在一张大床上。家长可以为孩子准备一张小床, 栏杆是活的, 孩子、妈妈互相能摸到、能看到, 跟在一张床上差不多。一定要让孩子感觉妈妈就在身边, 可以闻到妈妈的味道, 带给他安全感。

231. 宝宝的凉席选择什么质地的好呢?

在凉席的质地上, 孩子更适合睡草席、藤席或者亚麻席。这些凉席质地是比较柔软的, 对儿童皮肤的摩擦损伤比较小, 可以最大限度地减少婴儿腹泻的发生。但是需要大家注意的是, 孩子生病的时候不要睡凉席, 这个时候孩子抵抗力弱, 更容易腹部受凉发生腹泻。即使孩子没有生病, 夏季睡凉席的时候也一定要注意腹部、肩部的保暖, 这样可以有效降低腹泻、感冒等疾病的发生。另外对于比较胖的孩子来说, 夏天出汗是比较多的, 汗水浸渍凉席, 很容易造成细菌的滋生; 凉席上铺一条毛巾或者是床单, 除了可以减少腹泻之外, 还能够有效预防皮肤炎症的发生。

232. 宝宝睡的凉席为什么需要清洗?

夏季使用凉席, 建议大家一定要定时地清洗。这是因为人体的汗液、皮屑以及灰尘容易进入凉席缝隙当中, 上面可能会滋生螨虫, 由此引发皮炎。消灭螨虫最好的办法是高温消毒, 用开水进行烫洗;

还可以在阳光下暴晒，这样能够将肉眼看不见的螨虫及其虫卵杀死。但是像藤席、亚麻席等就不适合高温暴晒了，可以用化学的洗涤剂以及酸性的物质来进行清洗。

233．宝宝使用的藤席、亚麻席怎样清洗？

藤席使用之前用30度的温水，拿湿毛巾将席子擦拭干净，晾干后就可以使用了。使用当中要经常用毛巾擦试，以保持席面的清洁光滑；收藏之前要将席面擦拭干净，放在通风处晾干，存放在干燥的避光处。在这里要提醒大家的是，藤席不可以水洗，存放也要保持干燥。亚麻席清洗的时候应该先在40度的温水当中浸泡10分钟，手洗的时候不要用力拧，整平之后最好自然晾干。收藏之前用干布擦拭干净放在干燥处，同时要避免阳光的直射。

234．草席和竹纤维的凉席应该怎样清洗？

新草席最好在阳光下晒半个小时，反复拍打几次。草席可以用酸性的洗涤剂，也可以在开水中加一点盐泡一会儿，水温降至70～80度后将草席浸泡在盐水中15～20分钟，洗干净就可以了。盐水是可以杀菌的，热水可以化解油脂。

竹纤维的凉席在清洗的时候水温不要超过35度，水洗前先在温水中浸泡10分钟，尽量不要接触酸碱的洗涤剂。洗涤之后放置通风阴凉处自然晾干至八成后，可以进行低温熨烫，凉席就平整光洁了。竹纤维的凉席本身就有很好的天然防虫、抗菌性能，收藏的时候不要将樟脑丸或其他防虫剂放在凉席里。提醒大家注意的是，不管用什么质地的凉席，都要做到一天一擦洗，一周一晾晒，这样既能够清洁凉席，又能够维护凉席，对于宝宝的健康也是非常重要的。

235. 过春节时吃的方面应注意什么问题？

首先，过春节时对孩子平时的生活规律尽量不要打乱。其次，特别要注意不要吃多了，不要撑着孩子，凡不是纯母乳喂养的小孩子一定要注意这个问题。有些宝宝胃口特别好，家里亲戚来了，孩子高兴，大家开心，孩子吃得多，老人也高兴。结果吃多了，造成积食、发烧。这种情况现在比较多，发烧了，但是不流鼻涕，小一点的孩子还会拉稀，就是典型的积食。这种情况下家长不要急着给宝宝吃消炎药，要考虑吃点消食片，或者煮点山楂水。如果已经烧起来了，就给孩子吃一点泻火的药，消消火。家长也要注意，孩子一次吃多了，半个月饭量都上不来，肠胃需要有一个调整恢复的时期。

236. 1～2岁的宝宝，过节饮食安全要注意什么？

春节家里干果类的东西多，孩子容易抓着吃到嘴里面。家长一旦发现孩子吃了危险的东西，一般会很着急，害怕咽下去出问题，往往一把把孩子拽过来，把嘴巴捏开，手伸进去，强行抠出来。这时候孩子肯定会哭，因为孩子不知道是怎么回事。如果抠不出来，孩子哭的时候用力一吸气，东西就很容易吸到气管里面去，很危险。

遇到这种情况，家长该怎么做呢？最好是引导孩子吐出来。家长看孩子吃的是什么，就拿个同样的东西放到自己嘴巴里，非常夸张地表演几次"吐出来"，告诉宝宝："哎呀，不好吃，不好吃。"也可以几个人一起表演，不要有着急、手忙脚乱的表情，防止孩子惊恐。这样孩子会跟大人学，把嘴里的东西吐出来。等孩子吐出来之后，赶紧给他另外一个好吃的，以转移宝宝的注意力。

237. 过年要放鞭炮，宝宝太小会吓着吗？

孩子比较小的时候家长会担心这个问题，尤其是回到农村老家

过年的孩子，可能醒着的时候还好，但是睡觉以后，如午夜 12 点之后鞭炮声还是会不断的，该怎么办呢？首先要让声音尽量小一些，可以用棉花或耳塞堵住孩子耳朵；二是妈妈最好陪伴在宝宝身边，给孩子一种安全的感觉。如宝宝睡在床上，妈妈可以在旁边陪着孩子，或轻轻抚摸宝宝的小手，让宝宝感觉到妈妈的存在，这样他听到声音的时候不至于受到惊吓。另外，如果孩子特别小，睡得不是很安稳的话，抱在怀里也是一个好的办法；还可以尝试在室内放点儿轻音乐给宝宝听。如果孩子醒着的话，可以告诉孩子放鞭炮是怎么回事。随着年龄的增长，孩子会慢慢适应的。

238. 宝宝过冬时，怎样才能减少疾病的发生？

低龄宝宝的特点是以腹式呼吸为主，但是由于宝宝的鼻道和器官是比较短的，所以寒冷、干燥的空气会直接进入宝宝的体内。从体表面积的比例来看，宝宝排出的水分相当于成人的 3 倍左右，其体表面积的比例比成人大，而且皮肤薄，会散失更多的热量，一旦环境发生变化，宝宝的体温就更加容易受到影响了。所以冬季要多关注宝宝周围环境的变化，及时为其增减衣物，同时还要及时给宝宝补充水分。

239. 冬天时，孩子穿的、盖的需要比大人更多吗？

冬季是流行性感冒高发的季节，为了不让宝宝生病，一些妈妈不仅给宝宝添加很多衣物，睡觉时还会给孩子盖上厚厚的被子，这

种现象叫"过度保温"，是不正确的，会降低宝宝对寒冷的抵抗力。因为孩子活泼好动，所以穿的衣服一般应比大人略少才行。睡觉时到底盖多少合适呢？首先，宝宝冬天睡觉时被子不要太冷，否则会导致宝宝哭闹；妈妈可以在宝宝入睡前用热水袋帮宝宝暖一下被窝。在入睡前要及时把热水袋拿走，以免宝宝被烫伤。但是也不要加温太热、盖得太多，尤其是有暖气的家庭。家长可以观察一下，如果宝宝睡下之后 1 小时左右才出汗，这是正常的生理现象。盖得太多会使宝宝睡觉的时候出汗太多，不舒服。

240. 冬天家里有暖气，室内多少温度适合宝宝成长呢？

冬季有些家庭暖气比较热，温度能达到摄氏二十五六度，一些家长也认为温度稍微高些对孩子好。其实室内的温度应该是 22℃ 比较合适。22℃ 对于成人来说可能会感觉有点冷，但是对于宝宝来说是最佳的温度。3 个月大的宝宝虽然对体温有了自我调节的能力，但是对于环境的适应能力还是比较差的。如果在寒冷的季节里把暖气开到最大，一年四季总在相同的温度下养育宝宝，从增强孩子抵抗力的角度来说，并不是一件非常好的事情。

241. 冬天降雨少，供暖后让宝宝感觉最舒适的房间湿度是多少？

让宝宝感觉最舒适的房间湿度是 60% 左右。冬天室外的空气非常干燥，开暖气会使室内的温度升高，蒸发更快，湿度更低。所以开暖气的时候家长一定不要忘记使用加湿器或采用一些别的办法，比如说把湿的浴巾、洗好的衣服放在室内晾干，从而增加室内的湿度。为了更好地解决温度和湿度控制的问题，可以买一个湿度和温度合二为一的控制表，经常测量一下。另外，在有暖气的房间里不要忘记给宝宝补充水分，这一点也是非常重要的。不然孩子会得暖气病，如嘴上长泡或者嗓子干，上火之后容易感冒。

242. 冬天家里有暖气，但感觉家里空气不好，怎么办?

　　一些家庭冬季经常把门窗紧闭，因为害怕有风进来吹到孩子。其实这样会使室内的空气变得非常浑浊，对家人和宝宝健康非常不利。所以每天至少要开窗通风一次，让室内的空气对流起来，以保证室内空气清新。而且当宝宝接触到寒冷空气的时候，可以激发其植物神经的调节作用，对孩子来说是一种锻炼。如果家里使用炉子的话，就更需要经常开窗换气了。在换气的时候要注意防止宝宝着凉，因为室内外的温差是比较大的，开窗通风的时候室内温度下降很快，这个时候家长需要把宝宝带到其他房间里，等换完气稍稍回温后再把宝宝带回来。

健康

243. 医院里的儿童保健门诊包括哪些方面的内容？

儿童保健的内容现在主要是两方面：一是体格发育的保健，也就是说涉及到孩子的身高、体重等，从出生一直到青春期都在管理范围之内。还有一个就是心理治疗的专业门诊，有些孩子性格或情绪、行为有些问题，如刚上幼儿园，晚上总是做梦、哭闹；还有一些孩子读书上学之后成绩不太好、调皮，有多动症的情况出现；还有一些孩子出现焦虑、抑郁等情绪障碍，这些问题也可以在儿童保健门诊得到解决。

244. 孩子出生之后要打几次维生素 K？

在这方面，现在我们国家已经比较规范了。在正规医院，孩子出生以后维生素 K 是接着就打的。为什么要打维生素 K 呢？是为了预防婴幼儿晚发性维生素 K 缺乏症。孩子出生以后只要注射一次维生素 K 就足够了，不需要注射很多次。但是即使没打，现在孩子长大了，也不需要追加了。因为晚发维生素 K 缺乏主要在 3 个月以内发生，如果孩子已经平安地度过了，即使没打也不需要再追加了。

245. 新生儿疾病预警的信号有哪些？

从出生到 28 天这段时间，小孩很小，不会说话，只会哭。作为父母，孩子来到这个世上当然非常高兴。但是有个问题，就是父母经验不足，有些问题往往会忽视了。作为母亲，要经常观察孩子。

一般来讲，孩子脸色是白中透红，睡眠好，饮食比较正常，特别是睡醒以后有时候啼哭，但时间不长，并且双目有神，这种情况下的孩子一般不容易得病。如果孩子哭闹的次数较多，或者晚上睡觉呼吸有点粗，不像打呼噜，或者发现孩子嘴里吐泡泡，一会吐一个泡，一会流点口水吐出点泡；再或者孩子不明原因的吮乳减少或吮乳时口松，父母就要引起注意、重视了，有可能孩子要长病，这都是宝宝患病前的预警。

246. 出生 5 天的早产儿，大便比较干如何调理？

首先要尽量保证孩子母乳的摄入量，妈妈要多喝汤，减少奶粉的摄入；还可以给孩子喝点药调理一下，如中成药，有促进肠蠕动的作用。

247. 爸爸和妈妈都是高度近视，会遗传给宝宝吗？

夫妻两人都是近视，而且是高度近视，遗传给孩子的可能性较大。随着医学科技的发展，治疗近视的方法越来越多也越来越有效。做眼保健操可以有效地消除眼疲劳，改善眼部的血液循环，起到保护视力的作用，但做眼保健操只有做到动作规范、持之以恒，才能有效果。现在孩子还小，还看不出视力有无问题，但以后无论有没有问题，一定要让孩子坚持做眼保健操。另外，从小让孩子注意合理用眼，对注视物距离不要太近，不要在太暗的光线下看书、看电视；看书时间不要

太长，要经常注意远望；孩子以后上学看书写字都要有正确的坐姿。以上这些对保护视力、防止近视都是很有帮助的。

248. 新生儿鼻子不通气怎么办？

保持新生儿呼吸道通畅非常重要，而新生儿因为鼻腔短小，经常会出现鼻子不通气的情况。常见的原因之一是感染，孩子鼻腔血管丰富，一旦出现炎症，黏膜会水肿，从而出现鼻塞，影响呼吸；孩子鼻子不通气，有可能出现不好好吃奶甚至烦燥、哭闹现象。感染引起的鼻黏膜水肿造成的鼻塞，严重的话应该看大夫用药。其次，为了保持鼻腔湿润，正常情况也会有点分泌物，时间长了结成疙瘩造成鼻塞。可以滴一滴母乳在鼻腔内，软化后再用细线刺激他打个喷嚏，把分泌物排出来。也可以用棉签沾点水，轻轻伸到鼻腔里清除分泌物，动作要轻柔。另外对于没有分泌物的鼻塞，可以用温热毛巾在鼻跟热敷一下，也能起到一定的通气作用。

249. 宝宝 11 天，奶粉喂养，喝水不多，一直没有排便，应该怎么办？

人工喂养的孩子往往会引起大便偏干，这种情况也不难解决。先要看宝宝有没有腹胀、哭闹等异常情况，如果没有，可以加用肠道益生菌。

250. 男宝宝 14 天了，最近大便一直是黑绿色的，一天四五次，要吃药吗？

如果是黑绿色的大便，没有别的异常，临床来说这不能算一个病，一天四次大便也不算多。黑绿色大便可能与孩子腹部受凉有关系。家长注意孩子的脚丫子凉不凉，要经常摸摸。另外，妈妈还在坐月子，要多喝一些温热的汤，避免生冷。如果实在不放心，可去医院给宝宝做个大便化验。

251. 宝宝出生 20 天了，母乳喂养，最近每天大便 10 次左右，正常吗？另外，孩子喉咙发出的声音有点像大人打呼噜，是什么原因？

孩子大便次数有点多，如果每次量不多没有什么影响，家长可以观察一下大便量的情况，也可以把大便拿到医院化验一下看看有没有问题，有针对性地进行治疗。另外，孩子打呼噜可能是喉梁骨发育不良造成的，如妈妈怀孕的时候缺钙，喉梁骨没有钙化好就会造成这样的问题，这在小宝宝中非常常见。随着年龄的增长，孩子的钙补上了就会自愈了。

252. 宝宝 20 天时黄疸皮测数值是 8 ~ 10，现在 28 天了，眼角和嘴角还有点儿黄，还需要吃药吗？乙肝疫苗可以打吗？

这种情况问题不大，胆红素也不太高。如果黄疸没有完全消退，不建议给孩子注射乙肝疫苗。建议家长带孩子去医院做一个抽血化验，查一下肝功，因为皮测只是通过仪器来和血对比，看看胆红素黄疸有没有完全消退，这个检验并不能完全代替肝功，抽血化验才能看到肝功能有没有异常，这样会更全面一些。

253. 宝宝明天满月，15 天起每天吃维生素 D，这样补对吗？如果晒太阳，还用每天吃吗？

一般来说阳光照射补充维生素 D 是最直接、最快的方式，小孩子如果没有明显的缺钙表现，可以这样补充维生素 D。市场上常见的产品里面维生素 D 的含量相对来说较少，一粒里面大多含量是 500 ~ 700 单位，只是一个生理维持量，不用担心中毒。北方地区尤其冬天的时

候孩子日照不足，一定要补钙；夏天如果能达到一定时间的阳光照射量，可以暂停一段时间。但是如果孩子有容易出汗、晚上烦燥等缺钙表现的时候，需要到医院检测一下再补钙，这时候通常是用治疗量了。

254. 孩子刚满月，有些鼻塞、流鼻涕，偶然咳嗽几声，可以吃什么药？

小孩子稍微有点鼻塞、流鼻涕、咳嗽症状，首先考虑是不是感冒，这个时候给他多喝一些水，注意适当保暖，但不能捂。如果这样症状持续得不到改善的话，就需要上医院了。最好上儿科就诊，听诊心肺、排除肺炎，用药应遵医嘱。

255. 宝宝刚满月，现在可以测智商了吗？

刚刚满月的孩子可以做发育测试，但不是智商测试。如果想了解孩子在智力方面的先天素质，现在还没有必要。如果孩子在出生时或出生后一个月里有异常情况，应该抓紧时间去做，医生会根据检查的效果来下结论，除了染色体方面的问题不好解决，其他方面趁早检查，越早越好。另外，一定要到正规的妇幼保健所或儿童医院去检查。

256. 宝宝一个多月了，最近两天大便老是拉沫沫，一下午能拉四五次，是怎么回事？

拉沫沫肯定是孩子的消化功能不太好；次数比较多，是有胃肠功能紊乱的情况。建议给孩子化验一下大便，看看有没有炎症，如果有炎症，需要遵医嘱用药。另外，给孩子用奶瓶时要注意清洗、消毒，母乳喂养也要注意乳头的清洁卫生。还有就是要看看妈妈的饮食有没有什么变化，如果吃了凉的或者油腻的，或者是妈妈觉得胃肠功能不适，也会影响孩子的。

257. 宝宝 40 天了，呼吸时声音很大，呼吸道是否有问题？

这种情况有可能是吸气性喉鸣，家长不用太担心。孩子吃奶的时候需要换气，呼吸的幅度大就会出现喉鸣音，是嗓子这个地方出现的声音；有些症状严重的孩子不光吃奶时有，平静呼吸的时候也会出现。这个也可能与妈妈怀孕时胎里缺少钙与维生素 D 有关，喉软骨没发育好，比较软。给宝宝晒晒太阳补补钙、维生素 D，几个月以后就能好。

258. 宝宝 47 天了，基本没有出过门，现在掉头发很厉害，是否缺钙？

47 天的孩子从出生基本上没有出过门，也就是没有见过阳光，如果孩子的头发主要是从枕部后脑侧面掉的话，要考虑维生素 D 缺乏，这不叫缺钙，是因为缺乏阳光照射。婴儿出生以后从第 15 天开始，每天要预防性地给予维生素 D400 个单位。当然，还要考虑母亲有无补钙的情况及孩子出生后发育过程中有无缺钙症状而定，不可一概而论。

259. 孩子感冒好了后，一直有鼻涕，需要吃药吗？

孩子感冒之后因为抵抗力差，有的时候会出现感染后综合症，有的孩子表现为鼻子上看着老是不利索，可以用一下治疗鼻炎的药物，虽然不是鼻炎，但是用鼻炎的药物效果很好。如果孩子还闹肚子的话，可以用偏温的药；若孩子同时还有大便干的症状，也可以选择推拿。

260. 宝宝 2 个半月了，躺着时特别喜欢举着手盯着看，时间长了会形成斗眼吗？

偶尔看不要紧，可以尝试转移孩子的注意力。家长不应该让这

个月龄段的孩子看过近的东西，因为双眼眼肌发育还不平衡，在不协调的情况下，最好不要看过近的东西。可以让孩子多看远处，对眼睛有好处，家长可以引导他。

261. 宝宝2个月了，抱他时能听到胳膊或脊柱处嘎巴响，是怎么回事？

这些关节弹响一般不要紧，但家长若发现髋关节有弹响，须到医院检查排除髋关节脱位。

262. 2个月的孩子母乳喂养，大便有点稀，是否正常呢？

纯母乳喂养的宝宝大便是金黄色的，颗粒较细，一般不成形，家长有时会误以为宝宝腹泻，可以化验大便。2个月的宝宝可以观察一下大便里面有没有奶瓣，就是白色的小颗粒，如果有就说明孩子的吸收、消化不好。小宝宝的大便一般分为腐臭、酸臭和正常的臭气，如果有腐臭或酸臭，再加奶瓣，宝宝嘴里口气也不清新，这种大便就有问题了。所以，家长应该根据孩子的具体情况有意识地进行调理，必要时可以让医生检查一下。

263. 宝宝两个多月了，嘴里有口疮，下巴上有湿疹，还有尿布疹，宝宝的屁股、阴茎部位都起了一些疙瘩，有点发红还出水，是怎么回事？

这个孩子属于皮肤比较敏感的类型，一般尿布疹都是因为尿布里面的肥皂清洗得不彻底造成的。建议家长清洗好尿布之后一定要用开水烫一遍，然后再放在太阳下暴晒。湿疹和尿布疹有的时候是有关系的，这种情况可能是孩子过敏导致的，家长可以寻找一下过敏源。严重的话建议去医院诊断、用药。

264. 漾奶和吐奶不同吗？宝宝 2 个月，经常吐奶怎么办？

新生儿吃完奶之后，经常从嘴角流出来一些奶，这就是我们常说的漾奶。漾奶是大多数新生儿的生理现象，因为新生儿的胃容量比较小，肌肉非常薄弱，胃口神经的调节功能发育很不成熟，而且孩子是水平胃，容易出现奶水的反流，造成漾奶这种情况，家长不必太担心。而吐奶则不同，是孩子大口大口地往外吐，不是从嘴角往外漾，这是主要的区别。建议妈妈哺乳以后把孩子抱起来，竖起来拍一拍，让孩子打出嗝来就会好一些。孩子吐奶一般不属于病理状态，如果频繁地呕吐或伴有哭闹，家长就要注意了。有时候孩子肺炎早期也出现呕吐的情况，需要到医院请医生诊断。

265. 小孩两个多月了，妈妈感觉他的腿一直伸不直，正常吗？

腿弯对幼小的婴幼儿来说是正常的。因为胎儿在妈妈的子宫腔里成长时，手和脚互相盘错在一起，所以出生后手臂及腿部都会显得比较弯。出生后骨骼肌肉的

生长是需要时间的，不可能在一两年内完全修正过来。尤其在婴幼儿期，还要包尿布，两腿不能并拢；随着年龄的增长，其腿自然会比较直了，所以妈妈不必太担心。如果妈妈实在不放心，查体的时候请大夫看一看，如果有异常，大夫是能看出来的。

266. 孩子两个月了，母乳喂养，舌苔很厚，怎么办？

母乳喂养的孩子，舌苔一般都比较厚，因为现在的母亲奶里面的蛋白含量都比较高。如果不影响孩子的食欲，整体情况也不错，就不需要去处理了。

267. 宝宝两个多月了，一直打喷嚏，也不发烧，是不是过敏了？

如果是过敏引起的打喷嚏有两个特点：一个是一早一晚症状比较明显，因为一早一晚气温比较低；另外，过敏性的喷嚏一般连续打两个以上，成串地打，连续打七八个的都有，这种情况往往和过敏有关系。这个宝宝有可能是过敏的情况。

268. 宝宝 98 天了，出生后 15 天起就补鱼肝油，天好时晒太阳，枕骨处有脱发，缺钙吗？

有些孩子口服鱼肝油吸收不是很好，如果一直口服着还有缺钙的表现，可以给他肌肉注射，用维生素 D3 一个月注射一次，第二个月没有症状就可以不注射了。建议家长带孩子到医院检查之后遵医嘱办理。

269. 孩子两个月了，还有黄疸，皮测数值是 8，停药后一直吃母乳，这两天又厉害了，该怎么办？

如果是母乳性黄疸，停了母乳以后黄疸明显减轻，那么母乳不再吃了可能黄疸就逐渐退了。孩子现在两个月黄疸还没退的话，有可能不单纯是母乳的原因，需要做个检查。建议去医院做个肝功检查，查一下肝功有没有问题。另外，黄疸分为两种，要确定是间接胆红素为主还是直接胆红素为主，再根据查的结果去分析是什么原因引起来的、需要再做哪些检查。

270. 宝宝两个多月了，每天都咳嗽一两次，但不很厉害，需要吃药吗？

要是一天咳嗽 2 次，1次就咳嗽一两声，不太像呼吸道感染，有可能是孩子吃奶或者唾液吞咽，有点呛的那种样子，感染的可能性比较小。如果是呼吸道感染的话，不给孩子用药会发展很快。这么大的孩子出现咳

嗽，如果是感染那就是比较重的，所以感染的可能性比较小。再观察几天看看吧，不加重就没事了。

271. 孩子七十多天了，从出生后就起湿疹，是什么原因？

湿疹是过敏性的皮肤疾病，主要出现在脸、四肢还有躯干部位，感觉比较痒，究竟对什么敏感需要分析。随着孩子的生长发育，湿疹会慢慢消失，一般 4 岁以后就很少出现了。孩子有湿疹出现，家长平时得多注意。首先是洗脸的次数，一天一次就行，感觉干燥的话可以抹点药膏。有的孩子会对沐浴露一类的过敏，只用清水洗一洗就可以了。吃母乳的孩子妈妈饮食要注意，看看吃了鱼、虾，湿疹会不会更严重。另外，室内温度不要太高，冬天穿的、盖的也不要太多。最好穿棉制的衣物，家里不要用地毯、动物制品，不要饲

养小动物，并经常注意清洁卫生。得了湿疹，可以用一些药膏、洗剂减轻症状，严重的话应该去医院就诊。

272. 孩子 2 个半月了，半夜才睡觉，早上七八点就醒，白天睡两觉，一般 40 分钟，是怎么回事？

这个年龄段的孩子睡眠时间至少在 10 个小时以上，但存在个体差异，每个孩子睡眠时间都不一样。这个孩子现在的睡眠不是很好，原因是睡得太晚，这个习惯可能从出生开始就存在了，生物钟有点紊乱，需要家长逐步地往前提时间，要耐心调整，这是一个缓慢的过程。

273. 孩子 2 个半月了，家里有暖气，孩子还老是抽鼻子，该怎么办？

新生儿出生时鼻翼都很短，1 岁之内小孩的鼻腔没有完全发育好，有一点分泌物就会出现鼻塞现象。建议有暖气的家庭冬天要注意空气湿度，但不要使用加湿器，可以挂湿毛巾或放几个水盆，这样自然蒸发出来的气体效果好。也可以把母亲的乳汁滴到宝宝的鼻腔里，用手指肚慢慢揉，孩子的鼻腔就会通畅了。

274. 孩子 78 天了，混合喂养，发烧推拿后不烧了。现在吃奶吃一次吐一次，该怎么办？

孩子一生病食欲就不好，呕吐是因为吃得不舒服，可以把孩子竖着抱起来，多抱一会儿，多拍一会儿。睡觉的姿势可以稍微侧一下，不要平躺着，防止有的时候吐奶造成窒息。孩子睡醒以后可以活动活动再喂奶，或者喝点儿水，喝点儿奶粉。孩子生理发育和成人不一样，容易吐奶，这个年龄段吐奶也是正常的。

275. 宝宝两个半月了，纯母乳喂养，最近大便有些灰色黏液，是怎么回事？

可以在孩子大便后取一点，半小时内去医院化验一下，看看是不是有肠炎。有的时候肠炎大便不一定稀，但是有黏液或血丝，化验一下结果是比较准确的，家长也可以放心了。

276. 宝宝八十多天了，每次吃奶都能拍出嗝来，肚子还响，是怎么回事呢？

因为宝宝才两个多月，所以吃完奶以后，容易打嗝。由于 3 个月以内的婴幼儿胃的发育不成熟，孩子吃饱了奶以后水平胃更明显。另外孩子的吸吮能力比较差，在吃奶的同时会吸入一些空气；空气进到胃里以后，只要稍微一活动，空气在里面一顶，孩子就会打嗝，厉害了还容易漾奶。另外，家长听到宝宝的肚子响，那是肠子蠕动的声音，一般不是病理情况，而是正常的生理现象。

277. 宝宝 84 天了，总感觉嗓子里有痰，呼噜呼噜的，该怎么办？

如果只是嗓子呼噜呼噜地响，不咳嗽，也不发烧，这种情况不需要吃药，不需要特殊的处理。这个孩子的情况可能是先天性喉哮鸣的情况，是婴幼儿比较常见的一个先天发育的问题，多半都是喉头的软骨发育得不特别好。正常软骨应该是挺直的，发育不好就比较软，所以在活动、哭闹甚至于吃完奶以后都会发出呼噜呼噜的声音，很多家长觉得是痰的声音或者当成喘的声音。随着年龄的增长，喉头软骨逐渐发育成熟，一般到五六个月这个声音慢慢就没有了，严重一些可能到 1 岁以后。

278. 宝宝快 3 个月了，母乳喂养，2 个月时起八九天大便一次，肚子特别硬，一次拉很多，该怎么调理？

家长可以带孩子去医院检查一下，可能是结肠的问题，需要排除一下是不是先天性巨结肠。先天性巨结肠是一种肠道发育畸形病，新生儿巨结肠的表现是出生后胎粪不排或排出延迟，常发生急性肠梗阻。由于顽固性便秘，患儿常有腹胀的情况。如果孩子 3 天没有大便，家长就要干预，让它排出来，如果粪便不能及时外排的话，会在肠道里积聚，会引起毒素的吸收，影响胃肠的蠕动。孩子舌苔厚和不排便有关，光喝水是不能解决问题的，需要及时检查治疗。

279. 宝宝 3 个月了，37 度 3 正常吗？体温多少算发烧？

新生儿的身体对温度的调节还不是太好，有时会出现体温波动的现象，但是很多新手爸妈一发现体温波动就非常害怕，因为找不到原因。3 个月以内的孩子体温不超过 37 度 3 都算正常体温，医生把体温界定在 37 度 4 以下算正常。家长给孩子包得多一些或刚吃完奶，体温可以达到 37 度 5，这也属于正常。如果超过这个温度，可能有点低热。3 个月以上的宝宝安静的情况下一般不超过 37 度，如果家长给孩子测体温的时间正好是他刚吃完奶或者刚活动、哭闹完以后，可能体温偏高一点，但是一般都不应该超过 37 度 3。再就是孩子测试温度建议还是测 5 分钟，不要测得过长。如果孩子保暖太过，散散包、喝点水，可能孩子体温就下来了，并没有什么病。

280. 宝宝 3 个月了，总是揉眼睛，而且偶尔还流眼泪，这种情况正常吗？

这种情况首先要看是什么原因：是不是眼睛有感染，有结膜炎的情况？可以到眼科看看，是不是有倒睫的情况。倒睫也叫睑内翻，是婴儿常见的一种眼病，占婴儿眼病的第二位。婴儿倒睫主要发生在下眼皮的中内 1/3 处，主要症状是下眼皮上的睫毛向眼珠上倒，孩子睁眼闭眼时睫毛扫着眼珠，家长从侧面看很容易发现。其症状是：眼睛怕光流泪、发红、疼痛、有异物感。婴儿不会说话，往往常用小手揉眼睛，如不及时矫正，睫毛经常扫在眼珠上，能把角膜"扫"得混浊而不透明，影响眼睛的视力。建议家长及时带孩子到眼科检查一下。

281. 宝宝三个多月时打了预防针，现在胳膊上有绿豆大小的豆豆，是怎么回事？

这个对孩子没有什么影响，但是这个疙瘩可能消不掉了，也可能不会变小了。造成这个问题的原因是孩子打完疫苗之后可能出了汗，局部有点儿感染，感染没有扩散，形成了一个结节，有点儿纤维化了，不再发展变化就不用担心。

282. 有些孩子打了预防针后会有一些反应，常见的反应会有感冒的症状吗？

不会的。疫苗反应多为发烧，一般烧得不是特别高，不会超过 38 度 5，而且两三天以后就好了，也不会引起咳嗽、流鼻涕、打喷嚏这些感冒的症状。如果考虑是疫苗反应的话，就做局部的处理，比方说 38 度左右多喝水、用温水擦浴、物理降温。如果体温在 38 度 5 以上，可以给宝宝吃一点退热剂，作对症处理，一般不需要加消炎

药或抗病毒的药。

283. 宝宝大便化验出红细胞，是怎么回事？

如果小孩子腹泻，大便化验没有什么脓细胞，经常拉稀，可能是生理性腹泻。腹泻时间长的话肠黏膜可能有一些水肿、脱落，偶尔见一点点的血丝。查大便的时候可能出现一点红细胞，再查的话没有脓细胞，也没有白细胞，这种情况不用担心，但一定要注意饮食清洁。

284. 宝宝两三个月时打预防针，胳膊上有一个疙瘩，是正常情况吗？

可能是打了卡介苗以后出现的反应，局部有一些红肿，甚至出现一些浓性分泌物。可以在四十多天回访时看看卡介苗的反应怎么样，如果有些小疙瘩，说明卡介苗接种效果是好的，局部不用额外处理，自己就愈合了。最后结的疤是卡介苗接种后的疤痕，属正常情况。

285. 宝宝感冒的时候经常打针、吃中药，药量会不会太大了？

有些孩子一感冒就打吊针，就会出现用药过度的情况。西药加中药，从治病角度来说可能起到了家长想要的效果，比较快，但是同时也带来了一些副作用，即主要药物用多了可能对肝脏、肝肾功能有一定的影响。如果用药时间长了又担心的话，可以查查肝脏、肾脏的功能。如果肝肾功能都没有问题，就不用太担心。另外，用药时间长了对孩子的正常菌群也是有干扰的，正常的菌群打乱了，以前不会致病的细菌现在有可能会致病，也可能导致孩子病情反复等不良后果。

286. 宝宝3个月了，正吃感冒药，补钙的药还能吃吗？

宝宝现在可以吃补钙的药，因为感冒的时候钙丢失比较多，补充一下钙对孩子的感冒恢复有好处。

287. 宝宝发烧、拉肚子，还能给他吃鱼肝油、钙和锌吗？

宝宝拉肚子时钙的吸收不会太好，暂时先别吃鱼肝油、钙和锌了，等病好了再吃。

288. 宝宝3个月了，耳后、胸前、面部耳朵后的小红疙瘩是湿疹吗？湿疹传染吗？

可能是湿疹，但湿疹不传染。湿疹通常发生在比较潮湿的部位，像耳后、胸部都是比较容易出汗的地方，所以容易有湿疹。家长可以看看是不是家里的温度比较高，房间里如果太热，穿得太多，或妈妈吃了鱼、虾之类容易过敏的食物，可以给孩子抹一点爽身粉或者治疗湿疹的药膏。

289. 过敏引起湿疹，吃的方面应该注意什么？

吃的方面要注意那些容易过敏的，比如鱼虾、海产品、蛋白类的、牛奶等。另外，就是一些过甜、过咸的或刺激性的食物，都尽量别给宝宝吃，饮食以清淡的为主。水果方面如春季的草莓、菠萝都容易引起过敏，也尽量不要吃。

290. 宝宝肌张力增高的问题，应该怎样改进？

什么叫做肌张力？比如说家长动一下孩子的胳膊、手脚的时候，他给你一种力量，你感觉到了阻力。对于正常孩子来说，每个孩子的力量感觉都差不多。有些孩子你会感觉到使劲拉他的胳膊，他都抱得很紧很紧，拉不动，这个可能就是肌张力增高了。肌张力降低，

就是说你一动，他的胳膊就下来了；肌张力再低的话，这个孩子躺在那里像一摊泥一样了。如果宝宝有肌张力异常，建议家长带孩子去医院进行检查，一些康复的训练很有效。

291. 宝宝 90 天了，因吃肌酐片及肺炎，一直没有打疫苗，是不是把肝功治好了才能打？

是的。所有的疫苗必须在肝功正常的情况下才能注射，因为疫苗进入体内以后要经过肝脏去产生抗体。很多肺炎都是病毒性的，很多脏器容易受影响，家长应该先积极给孩子治疗疾病，等病好了再接种疫苗。至于疫苗接种的问题，孩子不打疫苗体内就没有抗体，没有抗体对这些疾病就没有免疫力，一定要到接种点让医生看一下，应该怎样补上这些疫苗，以便孩子身体好了后及时进行接种。

292. 佝偻病的宝宝有什么症状？孩子多大可以检测微量元素？

一般来说，3 个月以内的孩子可能有一些不典型的佝偻病症状，比如头部来回蹭枕头、晚上睡觉不安稳、有一点儿动静孩子就会醒等等。3 个月到 1 岁的孩子症状就比较明显了，如醒的次数多、入睡困难、多汗，还有一些体征：枕秃、方颅、肋骨外翻、鸡胸等；再严重的可能有一些"手镯"、"脚镯"、X 型腿这些情况。这些症状越往后体征越重，家长要注意观察，很多症状还是要依靠医生去发现。另外，孩子 6 个月以后可以检测微量元素，如果有些孩子 6 个月以前有明显的症状，比如吃饭不好、生长发育延迟，也可以提前一点做检查；之后，建议一年查一次就可以了。

293. 宝宝 3 个月了，睡觉时头老是往右偏，是斜颈吗？

只能说值得怀疑。家长看看宝宝是不是头睡偏了，如果是，给他转过来以后，他有不平的感觉，会习惯性地转过去。有的时候后向肌发育不良也有斜颈状况，但不特别典型，左右转动都可以。但是宝宝竖起头来的时候，有向一侧倾斜的情况。建议去医院专科进行确诊。

294. 宝宝 3 个月了，有点咳嗽，喝了几天梨水，痰少了，咳嗽却多了，早上醒了眼皮还肿，正常吗？

如果体温没有什么波动、整体情况都很好的话，可以喝点止咳糖浆，然后再注意观察。如果咳嗽越来越厉害的话，需要到医院去看看。宝宝的眼皮这几天肿了，可能和喝梨水多有关系。有一些病毒性的感冒可能和咽部的炎症有关系，也会有咳嗽的症状。因为这个孩子刚开始出现症状，不建议他吃消炎药，可以对症处理，吃一点止咳的药物如糖浆，会比单纯喝梨水更好些。

295. 宝宝 3 个月了，患肺炎 6 天了没好，护理应注意什么？

一般来说，家长如果护理得好，宝宝 6 个月之内是不会得病的。但一旦得了病，因为抵抗力非常差，时间就要长，正常肺炎要 10 ~ 15 天才能好，6 天本身就好不了。小孩子第一次肺炎要入院治疗，保持环境安静，避免孩子哭闹。再一个要勤翻身，咳嗽的时候拍拍背，多喝水，促进新陈代谢。

296. 宝宝三个多月了，消化不好，按摩有助于消化吗？

可以。一般来说家长自己在家可以推拿，顺时针或者逆时针给宝宝揉肚子，增加肠蠕动，可以改善消化不良的情况。

297. 宝宝三个多月了，严重缺钙，除了补钙之外，维生素 D 还要继续吃吗？户外活动多长时间比较好？

缺钙严重的话维生素 D 可以吃，钙什么时间吃倒没有特殊规定。只要不刮大风、气候正常，就可以户外活动。早晨起来或者下午太阳落山前出去晒晒太阳，一次半个小时就可以。但是不要让太阳对着孩子晒，否则对孩子的眼睛有刺激，晒太阳时以侧面或者后背为宜。

298. 宝宝 3 个半月了，追视不是很好，这方面的能力是不是欠缺？

不知孩子有没有做听力筛查？做听力筛查如果通过的话，听力一般不会有什么问题。再者，要看家长用什么东西训练追视，以及训练追视的距离多远。如果距离一两米给宝宝训练追视，这个肯定是不太现实的。一般来说，给宝宝训练就是眼前 20～30 公分。妈妈不要对孩子的反应能力期望值太高，不能太心急，因为宝宝的生理结构还不能像成人那样。

299. 早产孩子 3 个半月了，正在吃补钙、补铁的药，还有 B12，这两天大便呈深绿色，有时还发黑，加到奶里给他喝，是否正常？

绿色的大便是消化不良的一种表现，很可能是奶里面的蛋白消化不好。大便发黑可能和吃这些药有关系，药吃进去之后不能完全消化吸收，所以影响了孩子大便的颜色。建议带孩子去医院检查一下。

300．宝宝快 3 个月了，患肺炎打了 10 天针，现在光吃药不打针，还有些咳嗽，应注意什么？

儿童肺炎的病程一般是 10～15 天，抗生素用过之后基本上就痊愈了。但是有些孩子得病之后抵抗力迅速下降，慢性炎症需要自身慢慢恢复。这种情况下如果孩子还咳嗽，家长要勤给孩子拍背、翻身，注意清淡饮食；因为妈妈要给孩子喂母乳，也不要吃得太油腻。要注意给孩子添减衣服，稍微有些咳嗽可以喝点对症的中药或中成药；如果很轻，一天就那么一两声，也可以用外治法，如贴止咳贴，但一定注意时间要短，别损伤孩子皮肤。

301．一直给宝宝加维生素 D，会不会摄入过量？

如果维生素摄入过度的话会有中毒倾向，但造成中毒的摄入量是非常高的。以市场上常用的维生素 D 为例，它的含量分两种，一种是 500 单位的，一种是 700 单位的。500 单位的连续吃 3 个月都不会造成中毒，因为这种剂量属于生理维持量，家长不必担心。

302．宝宝 100 天了，前两天没有大便，现在拉了一次有泡沫，还有点血丝，是肠炎吗？

中医讲一般是风寒泻血，也就是说是由受凉引起的腹泻。孩子太小，换尿布的时候别把肚子全露在外面，脚上也给穿上小袜子。治疗方面，可以用脐贴，也可以吃点思密达一类的药。

303．孩子 3 个月了，有往里斗眼的情况，请问斗眼和斜视有什么区别？

斗眼就是我们常说的内斜视，这种内斜视需要鉴别是真性的还是假性的。因为婴幼儿的鼻梁又宽又扁，瞳孔距离比较小，眼位虽

然正常，但是外观上酷似内斜视，这种情况不是真正的内斜视。判断真、假性斜视最简单的方法就是拿一个小手电筒，让孩子注视。家长在孩子正前方观察他两眼黑眼球的反光点位置。如果两眼反光点都在黑眼球中间，就说明眼位是正的。如果反光点不在正中间，而是偏外侧，就说明孩子的眼睛有点内斜视；如果眼的反光点偏内侧，就说明有外斜视。假性斜视也不能保证今后不出现这种调节性斜视的可能，所以家长要多观察，有什么情况及时复诊。随着孩子逐渐长大，半年复查一次就可以。

304. 孩子不到 4 个月，乙肝病毒表面抗体呈阳性，应该注意什么？

表面抗体阳性是因为孩子打了疫苗之后产生保护性抗体，家长不用担心。

305. 宝宝 4 个月了，下肢肌张力高，上周打百白破后发现上肢肌肉也发紧，与打疫苗有关系吗？

宝宝出生时不知有没有早产、窒息等高危因素，一般有脑损伤的孩子，暂时不能打预防针。注射预防针后，可能出现肌张力增高的现象。怀疑下肢肌张力高，可以自己检查小儿"足背屈角"，方法是：一手握住孩子的小腿，一手向小腿前方推小儿足底，足背屈角小于 80 度为正常。这只是常用检查方法中的一种。为慎重起见，家

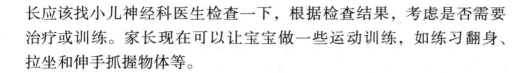

长应该找小儿神经科医生检查一下，根据检查结果，考虑是否需要治疗或训练。家长现在可以让宝宝做一些运动训练，如练习翻身、拉坐和伸手抓握物体等。

306. 孩子4个月了，下牙床上有两个白点是怎么回事呢？

这种情况可能是孩子开始长牙了。这个阶段妈妈可能有一点受罪，就是宝宝会去咬妈妈的乳头。但是孩子咬的时候，妈妈千万不要叫，也不要笑，应该不动声色地把孩子的头往乳房上一按，堵住鼻孔，这个时候孩子就会自然地松开了；当孩子看妈妈的时候，妈妈要非常严肃地摇摇头说三个字：不可以，千万不要说"哎呀，妈妈疼呀，不能咬妈妈呀"之类的话。如果操作正确，不会超过第三次，孩子就不咬了。

307. 胶囊状的维生素D，应该怎样给孩子吃？

胶囊状的维生素D含量一般一粒是400单位，是孩子的每日预防量，可以每天给孩子吃一颗，非常安全。吃的方法是：直接剪开胶囊，把里面的维生素D挤到孩子的嘴里。胶囊挤完了以后，内壁上会有少量的残留，妈妈可以吞服。

308. 孩子4个月了，有点枕秃，喜欢含着奶头睡觉，夜间容易惊醒、哭闹，是怎么回事？

这种情况是习惯的问题，因为夜间睡眠不好，总需要一个安慰奶头。枕秃和夜惊是佝偻病的表现，需要维生素D冲击治疗一下。因为口服已经补不上孩子需要的剂量了，所以需要维生素D的针剂注射，一个月以后再继续口服，这属于维生素D的冲击治疗。打上这个针以后，孩子的睡眠会在几天之内逐渐得到改善。建议家长带孩子去医院诊断治疗。

309. 宝宝4个半月了，大便化验有一个脓细胞，有没有问题？

化验显示脓细胞是阳性，说明肠道有感染、有炎症。家长应该注意孩子的饮食卫生，有时间再复查一下。

310. 宝宝4个月了，晚上睡觉摇头、掉发，一直在补钙和维生素AD。查体时大夫说囟门快闭合了，让先把钙剂停一下。不知孩子缺不缺钙？

孩子摇头和掉头发不一定是缺钙，比如说室内温度太高孩子就会出汗，一不舒服就会来回蹭头，头上出汗多了就会痒。再就是清洁的问题，如果天冷，不给孩子洗澡、洗头，孩子不能挠就会蹭，三蹭两蹭，头发就蹭没了，可以经常给孩子洗洗澡。另外，补钙太多囟门会早闭，一般囟门是1~1.5岁闭合，这个孩子有点儿早，所以给孩子补钙一定要特别小心。

311. 孩子4个月了，大便4~5天拉一次，不干，成条状，是否正常？

有一些母乳喂养的孩子会出现这种情况，如果拉得不费劲，也不很干，这种情况就不用担心，孩子稍微大一点就可以通过添加辅食来改善了。

312. 宝宝4个月了，过年后有点儿拉肚子，大便稀、有泡沫，一天3次，是怎么回事？

孩子腹泻可能和妈妈春节期间的饮食有关系，现在妈妈可以多吃一点主食和菜，少吃油腻的东西，暂时不用给孩子吃药，可以给宝宝多做做腹部按摩，顺时针、逆时针都揉一揉。

313. 4个月的孩子，呼吸音有点粗怎么办？

这要看孩子的综合情况怎么样，如果孩子不咳不喘，也不发烧，只是单纯呼吸音增粗，家长不用太担心。四五个月的孩子呼吸音本身就比较粗，另外要注意呼吸的次数，4个月的孩子呼吸次数在30次左右，即使呼吸粗一点，呼吸频率并不增快，睡眠也安静，没有发烧咳嗽和其他症状，就不需要处理。如果孩子呼吸音增粗，同时伴有其他症状，首先考虑气管的炎症，如有没有肺炎、呼吸道感染的情况，就需要到医院去就诊了。

314. 宝宝不到4个月，每天拉三四次，便稀，该怎么处理？

如果孩子从出生以后一直是这样，一天拉三四次，同时孩子吃奶也可以，发育方面体重照样长，就不用管他。有的时候吃母乳的孩子对母亲的奶有点过敏就会这样。什么时候断奶，什么时候大便就好了。

315. 宝宝4个月了，这两天拉肚子，厉害时是绿色水，该怎么办？

要找找原因，是换尿布凉了肚子还是给他吃的食物凉了。可以

贴脐贴，也可以先吃点保护肠黏膜的药，一般不用吃消炎药。如果再加重的话，建议去医院就诊。

316. 宝宝4个月了，最近右眼老是泪汪汪的，眼屎特别多，是怎么回事？

从中医角度来说是有点上火了，眼睛有点炎症。建议给宝宝喝水的时候加点白菊花，放点冰糖，淡一点，一天给孩子喝上一两次。

317. 宝宝4个月了，小便颜色黄，是不是与喝水少有关系？

大部分小便黄是尿少引起来的，如果喝上水尿多了，应该就不会那么黄了。如果孩子尿量很多还黄的话，需要去医院给孩子查查尿常规。

318. 宝宝4个月了，大便里有红丝状的东西，这与吃过一次香蕉泥有关系吗？

小孩子大便里一般不会出现红丝状的东西，如果就吃这一次，一是看一下是不是食物的残渣。第二，有的时候孩子对食品不耐受，因为孩子消化腺本身没有完全发育好，有些消化酶是分泌不出来的，这时候给他吃了消化不了的东西，会出现肠黏膜的改变而有一些血丝，但是对宝宝整个健康应该不会造成多大的危害。可以继续观察孩子的大便，如果孩子精神和身体整体状态还好，就不用特意处理了。

319. 宝宝4个月了，母乳为主，一天最多一次奶粉，大便里经常有东西，为什么会消化不好呢？

现在这种喂养方式肯定不行，在4~6个月的时候，母乳基本上已不能满足小孩生长发育了，必须添加主食，包括奶粉、蛋黄、米

粉，可以慢慢加。

小孩子出现消化不良的症状，可以用一些中医的方法。因为小孩吃药太困难，可以找专业推拿科的大夫给宝宝推拿；也可以自己在家里给小孩做保健，让小孩趴着，在比较温暖的环境下，从屁股脊柱开始捏小孩子的皮肤，就是给孩子捏脊，每天 3 次。

320. 宝宝四个多月了，头顶上长的红疙瘩是湿疹吗？

是湿疹的可能性比较大。如果头、面部稍微有一点的话，平时注意皮肤护理可能会好一些。如果越来越多，则需要用一点药物，很厉害的话就要到医院皮肤科就诊了。

321. 宝宝 4 个月了，还在流口水，怎么解决？

小孩子如果偶尔流口水，考虑是不是口腔溃疡或有口疮，家长留心看看有没有口腔的炎症或龋齿。如果时间比较长，有可能是长牙了。宝宝 4 ~ 6 个月开始长牙，用磨牙棒的时间一般是在 4 ~ 8 个月的时候，当然这个时期的孩子不一定非得用磨牙棒，吃一些稍硬的东西也可以，如萝卜薄片、苹果薄片、黄瓜薄片。很多家长照顾孩子有点太过了，吃的食物太软、太烂，反而不好。该让孩子咀嚼的时候，一定要让孩子咀嚼，这样对孩子将来牙齿的发育和语言的发展都有好处。

322. 孩子有点鼻塞、干咳，不发烧，该怎么办？

这种情况很可能是孩子受凉了，应该是普通的感冒。可以给孩子多喝点水，吃一些容易消化的食物，还可以吃一点儿化痰止咳的药物，先不要打吊针、用抗生素，观察一下再说。

323. 宝宝晚上蹬被子，出汗特别厉害，是什么原因呢？

从中医的角度说，孩子本身是纯阳之体，火力比较大，稍微一热孩子就特别敏感，稍微一冷孩子也特别敏感，反应比成人要快一些。出汗多有时候和天气有关，生活中只要把孩子的肚子、前胸、后背护好了，腿、胳膊不要紧。这个孩子可以从以下三点把握：看看室温是不是过热，入睡后半小时内出汗正常，排除缺钙的可能。

324. 孩子四个多月了，混合喂养，腹泻，吃药后还是一天泻五六次，怎么办？

建议妈妈最好不要吃不容易消化的食物，像韭菜、黄瓜都不要吃，也不能吃凉的东西。家长可以在家里给孩子做做保健推拿，像捏脊，从尾椎往上推，一次推 10 分钟左右。腹泻的时候先把钙停一停，因为补钙容易加重腹泻，也不容易吸收。这个时候可以给孩子吃点益生菌，辅助做做推拿，过几天就能好转。

325. 宝宝 4 个月，脑袋有点向左斜，下巴向右，而且孩子抬头不好，应该怎么治疗？

这个孩子应该是左侧斜颈，建议家长先去医院诊断一下，如确诊是斜颈要抓紧时间治疗，一般推拿能推好。抬头的问题可以多让孩子趴下，两个手叠在胸前。每次锻炼的时间短一些，一次练半分钟，一天练三到五次，多练几天就可以了。练的时候，家长一定要把孩子两个胳膊垫在胸前，别把胳膊背在后面。

326. 宝宝四个多月了，流鼻涕、鼻子不透气，体温 37.2 度，需要去医院吗？

这应该是受凉了，出现上呼吸道感染的症状。这种感染大部分都是病毒感染引起的，像流鼻涕的症状大约会持续 5 天左右。家长要注意给孩子多喝点水，另外注意体温监测，如果孩子体温超过 37.5℃ 就是发烧，需要到医院看一看。

327. 宝宝 3 个月了，健康查体时发现两腿交叉，用推拿能治疗吗？

两腿交叉的情况有时候是 O 型腿，家长是不是怀疑 O 型腿？如确诊了，O 型腿可以推拿，只是效果比较慢。自己在家也可以给孩子慢慢地进行局部肌肉放松，推一推；还可以用竹棍把孩子腿捆绑一下。需要注意的是，这么小的孩子正常情况下就是像青蛙一样，两条腿都有正常弧形，不一定是 O 型腿，并不是说两条腿非要并得很直，那样的话反而不正常。如果孩子的两条腿自然状态下可以并上，一般不是病态的，应该属于正常生理现象，家长不必特别担心。实在搞不准，家长又比较受困扰，建议还是去医院请医生诊断一下吧。另外，建议听医生意见进行相应处理。

328. 孩子 5 个月了，母乳喂养，妈妈已感冒 3 次了，对孩子有影响吗？

妈妈频繁感冒，这种情况家人要注意了。首先家里面人不要太多，否则会带进一些感冒病菌。其次家里要注意通风、换气，保持空气清新。再就是室内空气要消毒，比如弄点醋在家里熬一熬，一

天两次，坚持几天。最后提醒妈妈穿衣服不要太多，也不要太少，穿太多更不行，汗毛孔都开着，一有凉风肯定要感冒。孩子是母乳喂养，感冒期间为了保护宝宝不被传染，建议妈妈在家里，尤其是和宝宝接触时要戴上口罩。

329. 孩子不好好吃饭，推拿能不能帮助消化？

针对孩子消化不良、厌食的小儿推拿效果挺好。宝宝消化不好，家长可以给孩子推腹，从胸部开始往下推一直推到肚脐然后分开，沿着肋骨往两边推，一次做 5 分钟，一天做两次。再就是背部的捏脊，这是全身的保健，效果也不错，可以长期给孩子做，能起到保健的作用。

330. 宝贝爱感冒，平时增强体质有推拿的小方法吗？

家长可以长期给孩子做背部的捏脊，有增强孩子免疫力的作用。孩子不哭闹的话可以一天推三到五次，但力度不要太大。感冒时，可以给孩子开天门。开天门又名推攒竹，是从孩子两眉头之间向上直推至额上前发际处，有发汗解表、开窍醒神等作用，治疗感冒、头痛、惊风有效果。注意手法要轻，可以一次推 30 ~ 50 次。

331. 宝宝 5 个月了，不发烧，咳嗽、痰多，吃药效果不明显，可以做小儿推拿吗？

吃药应该连续吃 3 天，从病程上说感冒的症状起码一周左右才能缓解，家长不能太心急。小儿推拿从出生就可以做，可以找中医门诊做推拿；家长学会了，也可以在家做。另外，还要给孩子多喝水，让宝宝多休息。

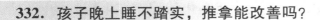

332. 孩子晚上睡不踏实，推拿能改善吗？

孩子睡觉不踏实可以推拿，如推一些安神的穴位，揉揉小天心，小天心位于手掌根部、大鱼际与小鱼际相接处。再就是可以做做头部保健，揉揉百会、四神聪，百会穴位置在头顶正中线与两耳尖连线的交点处。四神聪原名神聪，在百会前、后、

左、右各开 1 寸处，因有四穴，故又名四神聪。孩子睡觉不好也有可能是缺钙，或者与天气冷热变化有关系，所以家长要先分析一下原因。

333. 孩子咳嗽，有一点发烧，推拿的效果怎么样？

如果孩子发烧，要先退烧。推拿的话，家长可以给孩子揉揉大椎，也可以揉大椎两边往上一点的风池穴。风池穴的位置好掌握：脖子后面有两条大筋，也就是颈椎韧带，沿着往上，在头发边际的凹窝中即是风池穴。揉这个穴位退烧的效果也特别明显，揉 5 分钟孩子就会出汗，出汗以后接着就退烧了。

334. 宝宝五个多月了，嗓子呼噜 2 个月了，像有痰，每天干咳一两次，吃消炎药快 10 天了，没见好，该怎么办？

说起来，这个孩子的症状不严重。因为孩子排痰的能力比较差，排痰可能慢一点儿。只要是没再出现咳嗽加重、发烧等症状，病情应该还是比较稳定的。如果孩子痰排得不好，可能治疗得不对，消炎药一般吃 7 天不建议再吃，可以换一换其他的药物，比如中药类

去痰的药物，也可以配合一些理疗或雾化治疗。如果能喝汤药的话，可以找中医开一点儿。家长尤其要注意，避免孩子再次感染。

335. 宝宝快5个月了，最近总喜欢用双手揉眼睛，是怎么回事？

这种情况要观察一下孩子的眼睑结膜是不是有充血的情况，眼的分泌物多不多，可能孩子有轻微的炎症。如果分泌物多、有炎症的话，家长可以带孩子到医院看看，选择点一些抗生素的滴眼液。

336. 宝宝快5个月了，4个月时开始添加蛋黄、米油、米粉等辅食，发现宝宝消化不好，大便一天8~9次，是拉肚子吗？怎么办呢？

孩子添加辅食后每天大便次数8~9次，而且一次大便的量很大，又带水，那就是腹泻了，情况比较严重。为了使宝宝好得快，应到医院就诊。如果能确定是因为添加辅食出现的腹泻，建议辅食就要停一下；如果孩子也喝奶粉，建议换一种试试，有些含乳糖较高的奶粉孩子吃了以后也会出现腹泻情况。

337. 宝宝5个月了，两只眼睛倒睫，有眼屎，有办法解决吗？

孩子眼睛倒睫应该是下睑内翻引起的，这种情况在婴幼儿中是比较常见的。孩子的睫毛比较软，这么小的孩子倒睫一般没有必要通过手术来矫正。有一个保守的办法，家长可以试试。轻轻扒一扒孩子的下眼睑，用一个创可贴似的小胶条，将下眼睑轻轻地粘上，粘成下眼睑外翻，做上几次眼睫毛就不会刺激黑眼球了。随着孩子的年龄增长、鼻梁长高，慢慢下眼睑内翻的情况就逐渐改善了。如果长大了还没有明显改善的话，再考虑通过手术来调整。

338. 孩子5个多月了，有鹅口疮，西药开的是制霉菌素，抹上就管用，一停就复发，有什么好办法吗？

鹅口疮属于一种真菌性的感染，在口腔出现一些白色的像奶凝块一样的附着物，多见于抵抗力低下、经常用抗生素和久用激素的孩子。这个孩子只有五个多月，反复长鹅口疮，建议家长给孩子查一下免疫力。西医治疗用制霉菌素，它是抗真菌的药物。中医治疗也可以。反复性的鹅口疮分两种症型，一种是心脾积热症型，一种是虚火症型，需要看孩子的具体情况辨症用药。如果鹅口疮老是反复，说明这个孩子本身的内环境存在问题，应同时服用肠道益生菌。另外，提醒家长注意的是，真菌感染容易复发，除了用制霉菌素涂口腔外，还应做好母亲乳头、内衣等的清洁、消毒。

339. 5 个月的孩子，早晨发现打喷嚏、流鼻涕，但不发热，是感冒还是过敏呢？

这种情况感冒的可能性大一些，很可能是晚上被子没有盖好受凉了，很少有大清早起来突然出现过敏症状的。如果晚上卧室里有盆花，也有可能是过敏，如果没有，那就是受凉了。可以给孩子吃点容易消化的食物，鱼、肉这些可以少吃一点儿，苹果泥之类的可以给孩子多吃，补充一下维生素，也有助于提高抵抗力。孩子已经出现了鼻塞、咳嗽的状况，体温一天要量 4 次，早、中、晚 3 次，夜里再监测 1 次，注意观察体温变化情况。病毒感染发烧比较高，细菌感染一般午后发热比较多，体温通常在 38℃ 左右。大多数感染开始的时候都是因为病毒感染引起的，后来再继发细菌感染，所以家长要注意观察孩子体温的变化情况。

340. 5 个半月的宝宝屁股上长了一些小红点，是痱子还是尿疹？

小红点在屁股上，别的地方没有的话，有可能是尿疹。痱子一般都长在脖子、腹部、前胸、后背等处。四五个月的孩子一般都用尿不湿，有可能是捂的。

341. 5个月的孩子37.8℃要吃药吗？还能抱出去晒太阳吗？

37.8℃对小孩来讲可能是一个生病的体温，体温升高就是疾病的信号。如有病毒或细菌侵害身体，会导致机体自我保护性的发烧，在发烧的时候可以让人的抵抗力上升，有效地杀灭病原体，使病原体不容易存活。由此可见，发热本身可以清除一些细菌，提高自己的抵抗力，甚至可以降低疾病的传染性，缩短疾病的病程。孩子体温在38.5℃以上时可以吃药临时退烧，但在38.5℃以下时不主张马上吃药退烧。晒太阳是可以的。对小孩子来说，来自母体的维生素D有储备，一个月之内不容易缺钙，但是一个月之后就容易出现缺钙的现象，这时候也可以适当补充鱼肝油。

342. 宝宝5个月了，最近早晨醒来都咳嗽两声，有痰，不流鼻涕，精神、胃口都好，要吃药吗？

小孩子如果吃得稍微不合适，就会因为黏性渗出物太多而表现出有痰的现象，可以去药店买健脾化痰的中药吃一下，对孩子基本没有损害。如果家长老是不注意，不采取措施，有可能导致咳嗽越来越厉害。

343. 宝宝 5 个月，母乳喂养，加小米汤 5 天了，3 天没大便，体温 37.5℃，发烧和消化不良有关系吗？

3 天没大便，家长可以等一等，只要孩子身体、精神状态都正常，可以不采取措施；如果孩子还有腹胀等情况，可以用点开塞露或者用点肥皂条通一通便。体温 37.5℃ 有点高，看看有没有保暖过度、刚吃了奶、刚活动完等这些情况。如果没有这些因素的话，体温还高，建议上医院看看。

344. 宝宝五个多月，下巴上最近有湿疹，怎么办？

下巴上有湿疹，多半和孩子的流涎、就是平常说的流哈喇子有关；另外，也可能和喂养时奶的刺激或食物的刺激有关系。但不管哪个原因，都说明这个孩子是过敏体质。如果局部的湿疹不严重，可以不做药物处理；如果孩子流涎比较多，就应注意清洁：吃饭时要尽量减少汤、奶的刺激。

345. 孩子五个多月，体温 38.2℃ 两天，后来烧退了，每天大便 4~6 次，还需注意什么？

五个多月的孩子，体温 38℃ 多没有吃什么药自己退烧了，可能是初春季节普通的感冒，而不是病毒引起。有很多孩子今天突然发烧了，但是精神很好，可能喝点水、注意休息很快就过去了，这个孩子应该属于这一类的情况。家长该注意，一个是这两天让孩子多休息，保证充足的睡眠；再就是注意有没有咳嗽的情况，体温一天测上两三次，看有没有复发的情况。大便一天 4~6 次属于正常，还要注意大便的性状，比如带不带水、有没有黏液。

346. 宝宝5个半月，老吐白沫，有眼屎，不咳嗽，头有时出汗，睡觉老是摇头，是什么原因呢？

先说第一个问题，口吐泡沫，如果不咳嗽、不喘憋，孩子就没什么事，应该是孩子往外伸舌头耍着玩时引出一些泡沫来，那个不用管它。晚上出汗多、摇头可能需要补钙了。眼屎的问题不要紧，注意给他喝点水果汁，多喝点水。

347. 孩子五个多月了，饭后老打饱嗝，有时饭后两个小时还打，是怎么回事？

小孩打嗝有两个方面的原因：一个就是我们平时所说的打饱嗝，吃得过饱，胃里不能承受，胃里反常蠕动刺激了嗝肌，孩子就打饱嗝；另外一个是嗝肌痉挛，受凉、剧烈的哭闹、情绪的变化这些都可能导致嗝肌的痉挛。如果是嗝肌痉挛引起的打嗝，并不是吃饱了才打、不吃饱就不打，一般是会经常性打嗝。像这个宝宝的情况，吃完饭就打饱嗝，可能还是和喂养有关系。孩子刚开始加辅食，要尽量定时定量地添加，不要今天加了米粉，明天又加蛋黄。另外，还可以给宝宝吃一点调节胃肠功能的药。

348. 宝宝半岁了，咳嗽，吃了十多天的药，现在拉肚子挺厉害，怎么办？

估计孩子咳嗽时有痰，用的是清热化痰的药。所有清热化痰的药都有一个副作用，那就是可能会导致孩子拉肚子。最好去医院查一下大便，判断是消化不良还是有炎症，以便对症处理。

349. 宝宝六个多月，睡觉打呼很长时间了，是喉炎吗？

肯定不是喉炎。孩子睡觉时，如果呼吸道稍微有一点不通畅，就会出现这种情况。再一个扁桃体的增大，包括鼻扁桃体的增大也可以出现打呼噜现象。还有，感冒、鼻塞也容易打呼噜。打呼噜原因很多，但是只要不影响睡眠，孩子没有中间睡眠暂停的现象，对孩子影响就不大，就不用太关注。不过有一些打呼噜就需要重视了，比如中间有睡眠暂停现象、憋气或有睡眠突然醒来的情况，就需要上医院检查了。

350. 宝宝 6 个月了，连续两晚上发烧，白天没症状，胃口不太好，还有点拉肚子，是怎么回事？

6 个月的孩子是长牙的时候，长牙时孩子可能会出现体温偏高的情况，但是不会很高，一般也就在 37.5℃ 左右。这时候孩子有点烦恼、流涎，家长可以看看宝宝牙齿萌发的情况。宝宝拉肚子，家长最好给孩子查一下大便常规。这个孩子消化不良的可能性大，如果查大便正常，6 个月的孩子可以适当用一些健脾类的药物；如果查大便有白细胞甚至有红细胞，就要考虑是否有肠炎了。

351. 宝宝半岁了，两天体温在 38℃～39℃，吃了退烧药体温会退下来，过几个小时又烧，是不是幼儿急疹？

有这种可能。一般的感冒发烧体温得波动 3 天左右，不会说今天发烧吃上退烧药就不会再烧了。像这位家长说的如果孩子体温老是保持在 39℃ 左右，但是精神很好，其他情况也好，后期有可能出现幼儿急疹的情况。如果孩子精神很好的话，建议吃点中成药的感冒药，观察一两天，比方说今天体温 39℃，明天最高 38℃，体温有下降的趋势，一般情况也很好，也不咳嗽，就可以在家里继续吃药。如果第二天还是烧到 39℃，或者孩子出现了其他的症状，建议及时带孩子去医院就诊。

352. 纯母乳喂养的 6 个月左右的孩子，大便应该是什么样的？

纯母乳喂养的孩子，大便是糊状的，像黏粥一样，黄色，而且消化得很均匀，但并不成型。如果含水比较多，便是便，水是水，或者有些是以水为主，有的黏液比较多，胃肠道就可能有点问题了。

353. 宝宝 6 个月时查微量元素缺锌，给他吃钙锌口服液又恶心呕吐，吃什么食物可以补锌呢？

6 个月的孩子要注意及时地添加辅食，因为好多种食物里面多多少少都含有锌元素，如蔬菜、水果。海鲜类当中都有锌元素，但孩子小，现在没法吃。如果孩子缺锌的症状比较严重的话，可以换一种锌的制剂，换换口味试试。

354. 孩子 6 个月，查体时右眼是 2.25 ~ 0.15，左眼是 3.25 ~ 0.75，这表示什么意思？

这应该是孩子一个粗略的屈光状态的表示，可能孩子有一点远视。这个年龄段孩子都会有一点散光，100 度以内是正常的。然后看看他注视东西是不是能够稳定地注视，两个眼是不是都一样。家长可以再观察一下，如果很小的东西大人能看到，孩子也基本能看到，没有其他明显的问题，注意观察就可以了。

355. 孩子 6 个月，两三天中辅食先后分别吃了蛋黄和米粉，都吐了，推拿可以改善吗？

推拿治疗呕吐的效果挺明显。家长首先要确定一下呕吐是不是给孩子添加辅食的原因。家长可以从后发际到大椎穴成一条直线往下推，一般一次推 5 分钟，一次就能有效果。

356. 宝宝6个月，母乳喂养，妈妈因牙疼滴了麻药，还可以喂小孩吗？

这种情况没问题，在牙的黏膜上滴几滴麻药对哺乳没有影响。举一个例子家长就会放心了，剖宫产的产妇要打大量的麻药，手术之后还要给孩子喂奶，麻药不会起到什么不好的作用。再者麻药在人体内会经过肝脏代谢，肝脏是代谢毒素的，我们吃的东西都有少量的毒素，肝脏都可以代谢掉。滴的这点麻药经过肝脏的代谢到乳汁里面几乎没有了，这位妈妈可以放心喂奶。

357. 孩子6个月之后经常生病，如何提高孩子的免疫力？

一、多喝水，保持黏膜湿润，抵挡细菌侵袭。二、养孩子不必过于干净，免疫系统对感染病源可以形成免疫记忆，接触过一次，再接触就可很快把它清除掉。三、勤洗手，培养基本的卫生习惯，防止腹泻、尿道感染等。四、保证充足睡眠。睡眠不足会让体内T细胞数目减少、生病几率增加，6个月的宝宝每天应睡15～16个小时。五、饮食要注意。不吃糖分过高的饮食，饮食糖分过高会影响白细胞的免疫功能。海鲜、沙丁鱼这类深海鱼，核桃、杏仁、葵花油，都有非常好的必需氨基酸，对免疫细胞非常重要；芒果、甘薯、胡萝卜都有β胡萝卜素，可以在体内转化为维生素A，维持上皮细胞和黏膜的组织健全，减轻感染；番茄、十字花科的蔬菜都可以滋

养免疫系统；大蒜、香菇可以提高孩子的免疫力。

358．宝宝6个月，最近颈部、耳后起了很多块状的东西，色红，很痒，怎么办？

这种情况像荨麻疹。荨麻疹会反反复复地出现，应该到医院看一下，有针对性地对孩子进行药物治疗。

359．孩子6个月，缺铁缺锌，应该怎么补呢？

如果孩子缺铁不是很严重，没有造成缺铁性贫血，可以通过食补来补充，如多吃一些蛋黄、瘦肉，动物肝脏，像猪肝、鸡肝；再就是木耳、香菇，这些都是比较好的补铁食物。如果严重贫血，可以通过口服一些铁剂来补充。缺锌可以给孩子吃一点常见的锌剂补充剂。

360．孩子6个半月了，流清鼻涕，怎么办？

可能孩子有轻微的感冒、轻微的鼻炎。如果孩子的抵抗力比较好，可以注意保暖，多做做捏脊治疗，会渐渐自愈的。如果抵抗力比较差，建议吃一点儿治感冒的中成药，以起到疏风散寒的作用。

361．宝宝6个半月，感冒好了后鼻子里总是有白黏的分泌物，有痰，大便头上很干，怎么调理？

这种情况是感冒的后期症状，白黏的分泌物是咽喉和鼻腔的分泌物，家长可以增加室内空气湿度。针对孩子出现内热、大便干、黏性分泌物的情况，可以吃点中成药调理一下。

362．宝宝 6 个半月，患了轻微喉炎后吃了抗生素，大便稀近两周，有方法调节吗？

喉炎往往与感染诱发和过敏体质有关系，这个时候可以给孩子调理一下，除了正常添加辅食之外，应暂缓添加新的辅食，可服用肠道益生菌；感染之后可能消耗了体内的维生素还有热量，可以增加一些维生素的摄入，多给孩子吃点青菜、淀粉类食品。

363．宝宝 7 个月，最近咳嗽，偶尔鼻塞，没有鼻涕、不发热，精神挺好，需要用药吗？

这种情况可能和受凉感冒有关系，吃一点化痰止咳的药就可以，药店卖的小儿用的药物还是很多的。如果肺里有少量分泌物的话，家长可以帮助拍一拍，痰咳出来问题就解决了。

364．宝宝 7 个月，缺钙、缺锌，对大豆、鸡蛋过敏，只吃一些米粉、熬稀饭，该怎么补钙、锌呢？

缺锌食欲不好，所以生长发育就慢。因为锌和钙有点对抗，锌吸收的时候，钙是不吸收的，补的时候不主张双补。假如既缺钙又缺锌，也是可以一起补的，但必须隔开，先补一样，两个小时后再补另一样；或者今天补一种，明天再补一种。这个孩子对鸡蛋过敏，但是蛋白质一定要保证，最好能补充足量奶粉。

365．宝宝七个多月了，拉肚子一周，一直吃药，要吃多长时间？孩子还能吃鸡蛋吗？

孩子腹泻的时间挺长了，应该去医院化验化验孩子的大便，看看是单纯的消化不良还是肠炎的问题。如果是肠炎的话，除了吃点

思密达一类治腹泻的药之外，还要加抗菌素消炎。如果不是肠炎，单纯是脾胃虚弱，拉的时间长了，可以吃点中成药调理一下。七个多月的孩子可以添加鸡蛋了，但只添加蛋黄，蛋清要到 1 岁以后再添加。要注意慢慢添加，一开始先添加四分之一个蛋黄，同时注意观察孩子，如果没有过敏或其他症状，再慢慢加量，逐渐加到二分之一到一个蛋黄。

366. 宝宝 7 个月了，蛋黄一吃就吐，用什么食物能代替蛋黄呢？

不是说加辅食的时候非得给孩子吃蛋黄，有的宝宝可能不喜欢那种味道。但是仅就蛋黄来说，孩子不吃的话可以给他调味，放点香油、菜汤之类，改善一下味道再给他吃。多次尝试，一般要 10 ~ 15 次（3 ~ 5 天）孩子才能接受，注意观察有无食物不耐受现象。如果孩子吃了起皮疹或消化不良，可以不吃或暂缓。

367. 宝宝现在 7 个月，辅食时间怎样安排好呢？

7 个月的孩子，辅食的时间可以这样安排：早上 7：00 母乳，9：30 是菜泥或水果，12：00 母乳，15：00 水果，16：00 粥加菜泥，18：00 母乳，19：30 粥，21：00 母乳。还有，7 个月的孩子可以适当地补充一下钙、维生素 D。如果孩子能吃能喝，钙元素可以不补，但要补鱼肝油，尤其是春天孩子长得快的时候。

368. 宝宝七个多月，只吃过南瓜、大米粥、小米粥，蛋黄喂的次数少，还该吃些什么？

7 个月的孩子辅食这样添加稍微有点少。如果孩子这个时候睡眠很好，吃完奶以后，母乳肯定不是很够，需要添加更多的辅食。肝

泥、肉泥都应该给孩子加了，如果不加这些东西，慢慢地铁元素就会缺乏。在宝宝 8 个月的时候可以添一些小颗粒状的食品，如果这个时候再不添上，再往后到九十个月的时候牙都长出来了，就会影响牙齿的发育。所以该添加辅食的时候，就应该有耐心地给孩子添上。

369. 宝宝 7 个月，最近不吃奶了，只吃鸡蛋、馒头、蔬菜，营养能跟上吗？

7 个月对孩子来讲是辅食和母乳喂养交替过渡的时期，一天一般喂奶三四次，喂辅食 3 次就可以了，奶是不能少的。最近不吃母乳，可以找找原因，尽量让他吃母乳，实在不行用奶粉代替也要保证奶的摄入量。辅食添加很重要，在这个过程中让孩子发展吞咽、咀嚼的能力，体会各种食物的味道，观察他对食物的适应情况，同时看看有没有食物过敏反应。7 个月的时候，只吃馒头、蔬菜和鸡蛋营养是跟不上的，应该再增加辅食的种类和范围，加点动物蛋白。如水果泥、水果汁、土豆泥、豆腐、蛋黄泥、鸡肝泥、红枣瘦肉粥、烂面条等；深色蔬菜可以补铁，在稀粥里、面条里都可以加点；谷类、蔬菜、水果、蛋类、肉类都要吃。

370. 孩子 7 个月，体重和身高这两个月没长。妈妈母乳不足，平时早晨加蛋黄、奶粉，中午吃面条，有时吃一个虾。这样喂养可以吗？

孩子体重长得不好，可能是饮食上喂养不太合理，造成孩子热量供应不足。还是得多喝奶粉，现在一次的奶量应该在 150 毫升左右，一天 5 ~ 6 次。另外体重不长建议家长观察孩子是不是存在感染性的疾病，造成机体消耗比较多。建议家长先从喂养方面注意一下，如果孩子吃得挺多，但体重还是不长的话就到医院查一查。

371. 宝宝 7 个月，晚上总是含着安抚奶嘴才能入睡，这样好不好？

安抚奶嘴应该尽量别用，否则的话孩子总想含着那个奶嘴。纠正的方法就是把奶嘴拔出来，孩子哭两天慢慢就好了。就像有些孩子从小天天抱着玩具和被子，3 岁了还抱着那床被子，不准洗，换个样子、换个味道都不行。离不开安慰物是家长给宝宝形成的习惯，没有安慰物孩子会哭，但越小哭的时间会越短，几天就忘掉了。如果这个习惯到了三四岁，可不是三两天就能断掉的。另外，安慰物的存在说明孩子缺乏安全感，妈妈要注意孩子安全感的培养，多陪伴、多拥抱，增加对宝宝的抚触。

372. 孩子 7 个半月，近日发现后背和前胸有一些红疙瘩，后背居多，类似湿疹，怎么办？

如果不发烧的话，肯定不是常见的那几种出疹性传染性疾病。湿疹出现在背部不多见，面部或者出汗皱褶的地方多一些，这种情况有可能是保暖太过引起的。家长可以先减轻宝宝局部皮肤的刺激，如保暖的衣物适时增减，用温水擦一擦，观察是不是会好些。再严重的话，建议去皮肤科让大夫诊断一下。

373. 宝宝 7 个半月，近日手心发热、背上烫手，大便干硬，睡觉不盖被子也不冷，该怎么办？

这种情况中医讲可能是内火比较大，内火大所以手心比较热，大便比较干。春天比较燥，更容易出现内火大的情况。这种情况最重要的还是从饮食上去调理。母乳喂养的孩子，母亲要调理饮食，不要吃高热量、高蛋白的食物；还要减少刺激性食物的摄入，如辣的火锅、牛羊肉；过甜的食物也要少吃。对 7 个月的孩子来说，面条里面可以放点青菜，水果也要尽量吃一点，如香蕉。如果饮食注意了，但是症状还是未缓解的话，可以考虑吃一点调理的中成药。

374. 男孩 7 个半月，3 个月时长出一颗牙，曾缺钙、锌，后来补了；也缺铁，但孩子不爱喝补铁的药，怎么办？

现在的观点是 1 岁之内长牙都算正常。孩子长牙中间会有一个时间上的停顿，家长不用太着急。7 个半月的孩子可以加一点固体的食物，像菜泥、一些比较稠的稀饭、水果都可以。这样固体的食物对宝宝牙齿的萌出是有好处的。7 个半月的孩子光靠食物很难补充足够的铁，必须得吃药物，否则的话缺铁不容易纠正。补铁的药可以换一种口感好的，一定要饭后吃，因为里面都有硫酸亚铁，服用后多少有点胃肠道反应。另外锌和钙都不缺了，维生素 AD 可以天天吃，尤其是冬天孩子晒太阳少，一定要补充维生素 AD。

375. 孩子7个半月了，总爱卷舌头是怎么回事？

宝宝有一个阶段会这样，过一段时间就会换花样玩了，妈妈不要过分担心。如果还没长牙的话，也可能是长牙痒吧。建议家长先观察一下，如果这种情况长时间持续，孩子老是卷舌头，需要到口腔科看看孩子有没有舌系带比较短这种问题。

376. 孩子4个月时添蛋黄，吃得挺好，后来得了肺炎没再喂，5个月时又喂蛋黄，但每次都吐，是什么原因？

这种情况是喂养不当引起的。过敏是分阶段的，可能之前那个阶段，孩子状态比较好吃了没事，之后会出现问题。如果家长觉得孩子对鸡蛋过敏，可以到医院做一个相关检查。医院都有过敏源检测项目，通过检测，看看孩子对哪些食物过敏，或者对哪些东西过敏。如果孩子对鸡蛋过敏，建议家长不要再喂了，可以添加其他的辅食，营养都是一样的。

377. 宝宝快8个月了，发烧、拉肚子，一点水也不喝，能吃点水果吗？

宝宝拉肚子暂时不要吃水果了。现在孩子发烧又拉肚子，最怕出现脱水这种情况。家长要注意观察孩子的尿量，如果超过4个小时没有尿，就到医院看看，不行的话给他补点水。这种发烧，感冒的可能性大一些，可以再观察一下，如果还发烧的话，最好到医院查一查，可以给孩子查个血常规。因为感冒大部分都是病毒感染引起来的，病毒感染一般发烧3天左右，如果超过3天，很有可能合并细菌感染。查血时血象很高的话，需要给孩子用点消炎的药物。不喝水，可以用小勺一点点地试着喂喂，尽量让他喝一点，或者加点果汁，如果水喝不上也是不利于退热的。

378. 宝贝八个多月了，打喷嚏，流清鼻涕，眼圈红，刚打了麻疹疫苗，能吃中成药吗？

可以给宝宝吃点治流鼻涕、打喷嚏的中成药。因为刚打了麻疹疫苗，所以这两天注意孩子体温的变化和精神状态更重要一些。

379. 宝宝 8 个半月，昨天喝了半袋酸奶，晚上拉肚子、发烧，早上到了 39℃，吃药后 37℃，夜里拉了 3 次，喷射状，要注意什么？

孩子腹泻又发烧，还是水样便，病毒感染的可能性比较大。现在要注意孩子的体温，超过 38.5℃要给他吃退烧药。如果再拉稀水的话，需要给他点药，以保护胃肠黏膜。家长要注意观察孩子的尿量，给孩子多喝水。

380. 孩子 8 个月，睡眠少，晚上醒四五次，没查过微量元素，怎么改善呢？

这个情况可能是微量元素缺乏，像铁、锌、钙缺乏都有可能造成睡眠不好。建议查一下微量元素，骨强度的检测也可以做一下，如果有微量元素缺乏的情况，给予对症的处理，孩子可能恢复得更快些。维生素 D 在吃的食物里面含量非常少，主要靠日光照射，冬天穿的衣服比较多，所以吸收维生素 D 的量肯定是不够的，建议家长除了夏天不需要给孩子补维生素 D，其他时间都是需要吃的。

381. 孩子 8 个月，发烧 3 天，口腔溃疡、牙龈红肿，脸上起了疙瘩，现在滴水不进，怎么办？

这种情况估计是孩子嗓子发炎了，可以给孩子吃一点消炎药。就像成人一样，孩子嗓子疼了，咽口吐沫都疼得难受，更不愿意吃东西。建议带孩子到医院去检查一下，或者通过小儿推拿的方法进行治疗。

382. 男孩 8 个月了，现在发现孩子只有一个小蛋蛋，该怎么办？

这种情况可以先给孩子做个 B 超看看，可能是隐睾。隐睾是指孩子可能有一个睾丸没有下来，需要做 B 超检查确定。如果是隐睾，可以咨询一下外科大夫，什么时候做手术合适。

383. 孩子 8 个月了，拉肚子三四天了，一天三四次，该怎么办？

最好先化验一下，孩子的大便看看，主要检查一下是细菌性感染还是有炎症。如果大便没有红、白细胞，吃点药就好了。如果孩子尿量少的话，要多给孩子喝点水以防脱水。

384. 宝宝八个多月了，最近晚上总是抓耳挠腮的，是怎么回事？

好多孩子出现这种情况，有的时候都抓破了。先看看宝宝耳朵后面有没有湿疹，没有的话可能孩子耳朵里面痒，可以到医院请大夫看看。另外要注意经常给宝宝剪指甲，以防孩子抓破脸。

385. 宝宝八个多月，手心、脚心经常发烫，嘴唇深红色，是不是火气太大？

这个孩子是阴虚的症状，可以清清心火、肺火；去热的话可以揉揉小天心、清清天河水。家长一定要坚持给孩子做，因为这不是一两天就能见到效果的。另外，也可以给孩子做做保健推拿，像背部的捏脊、足三里的按摩。

386. 孩子 6 个月得过一次病毒性感冒，查血常规淋巴细胞的指数挺高，8 个月又查还高，是怎么回事？

在孩子发育的过程中淋巴细胞就是高，到 4 岁的时候才能倒过来。通常情况下，成人是中性细胞高，淋巴细胞占的比例比较少，孩子则是倒过来的。如果孩子有过肺炎、咽部扁桃体感染，有可能引起淋巴结大。家长要注意观察，如果脖子后面的两个淋巴结没有逐渐增大，就不用管，也有很多孩子耳后或枕后有一个肿大的淋巴结，并没有什么影响。如果淋巴结有逐渐增大的迹象，需要到医院检查一下。

387. 宝宝 8 个月，长了 2 颗下牙，上牙也要长了，这周突然吃饭不好，和长牙有关吗？

突然吃饭少可能和长牙有关系。孩子长牙时可能出现牙往外鼓的情况，会感觉不舒服，影响孩子的食欲。还要看看有没有其他原因，如孩子最近这段时间消化好不好、饭菜可口不可口等。偶尔出现这种情况家长不必过分担心，建议再观察观察。另外，家长还可以丰富一下孩子的饮食种类，精心做些宝宝原来没吃过的饭菜给他换换口味。

388. 孩子 8 个月，母乳喂养，十几天前妈妈长水痘害怕传染隔离了，母乳会不会没有了？

妈妈长水痘和孩子必须隔离，而且需要隔离 21 天。如果家长不知道准确的起病日期，需要隔离到自己身上的水痘全部退了、没有

传染性了才行。母婴分离这么长一段时间，不采取适当的措施，母乳自然就没有了。妈妈在积极去医院治病的情况下，要注意：第一，孩子的营养不能降低，尽量选取接近母乳的食物，如奶粉。选择奶瓶时一定要选奶嘴硬一点的那种，选不太好吸的那种或是扎的孔小一点的。第二，建议妈妈买一个吸奶器，每天把奶吸出来，三四个小时吸一次，全部吸空。吸出来的母乳，妈妈觉得不心疼的话直接倒掉；要是心疼的话，加热一下还是可以喝的。无论怎样，妈妈一定要全部排空乳房，保证正常的分泌量，这样水痘好了之后妈妈还可以正常哺乳。

389．孩子8个半月了，现在还没有长牙呢，正常吗？

通常情况下，孩子4~6个月开始长牙；8个月没长牙是有点晚，但还在正常的范围内。现在一般认为1岁以内长牙都正常。长牙晚并不代表有疾病，但要看孩子身高、体重、精神状态是否正常，如果是单纯的长牙晚，一般医生也不做处理，建议家长密切观察。这种情况，很多家长怀疑孩子是不是缺钙，那就要看孩子有没有其他缺钙的症状，如晚上睡眠不好、有枕秃等，需去医院进行检查确诊。

390．宝宝9个月，吃奶前总要干呕一下，但吐不出来，是怎么回事？

像这种情况是正常的，因为孩子这时候吞咽功能不是很协调，可能会出现干呕的情况，只要不影响吃东西，家长不要太在意。其实只要孩子的食欲没有影响，不呕吐、腹泻，就没有必要担心。

391．女孩9个月，腹泻3天，大便绿色，之前给孩子吃过茄子、黄瓜等，现在怎么调理？

这种情况可能是辅食添加不当引起的。家长一定要注意，孩子的辅食最好一样一样地加，这样有利于了解孩子对辅食的反应。现在可以先把辅食停一下，让孩子恢复到以前的状态后，再重新给孩子添加辅食。

392. 孩子9个月，查体时说肋骨有点儿上翘，是什么原因呢？

一、孩子缺钙会造成肋骨上翘，家长可以给孩子补维生素D，促进钙吸收。二、与孩子穿的衣服不当有关。孩子是"蛙状腹"，没有腰，妈妈给孩子穿衣服一提就提到胸部了；尤其是松紧带的裤子，松紧带一定不要太紧，还是尽量给孩子穿背带裤比较好。三、长时间坐也可造成肋骨外翻，建议少坐多爬。

393. 宝宝9个月，坐着的时候脖子老是歪着，不是向左就是向右，是斜颈吗？

怀疑斜颈的话，有个简单的办法。家长可以让孩子趴在床上，趴下以后看宝宝往正前看的时候下颌是不是对着前胸的正中间，如果下颌总是偏向一侧的话就怀疑是斜颈，建议去医院请医生诊断一下。

394. 9 个半月的宝宝，混合喂养，吃饭很好，没有长牙，要补钙吗？

9 个月的孩子奶量一天要保证 800 毫升以上。现在孩子吃饭好，是因为饭菜有好的味道。家长不要过早、过多地给孩子加饭，使孩子不愿意吃奶，只喜欢吃饭。现在要给宝宝减少饭的量，把奶补上，否则蛋白质摄入不够。另外，饭量太大也会增加孩子胃肠道的负担。

家长总怕孩子缺钙，其实要担心的不是缺钙，而是维生素 D 的缺乏。维生素 D 的重要作用之一是帮助人体摄取和吸收钙，防止佝偻病和骨质疏松。晒太阳虽然可以补充维生素 D，但对晒太阳的方式、时间有要求，要阳光直接照在皮肤上一定时间。如果孩子穿衣戴帽晒太阳，就起不到作用，所以，维生素 D 还是要补充个生理需要量，不用担心中毒。

395. 宝宝 10 个月，最近大便很干，每天吃香蕉和柚子，喝水也不少，有治疗的办法吗？

孩子大便干燥要注意饮食合理。首先要多吃蔬菜，10 个月的孩子菜量可以达到 1 两左右。很多蔬菜如芹菜、韭菜含有一些纤维素，如果能给孩子吃，可能对改善大便有好处。也可以吃一点粗粮，如芋头、南瓜、地瓜。再就是肉类、高蛋白质的东西不要吃太多，10 个月的孩子鸡蛋一天半个就够了，肉类每天半两左右就可以。建议把辅食的量加一加，再多做做腹部的按摩，顺时针、逆时针都揉一揉，以促进肠胃的消化。另外，可以增加活动量，多喂水，吃点肠道益生菌。

396. 孩子 10 个月了，脸上出现一个绿豆粒大小的红斑，是过敏性紫癜吗？

过敏性紫癜主要发生在学龄期的儿童，这个孩子还不到 1 岁，一般不是过敏性紫癜。但是家长需要注意观察，孩子的红斑充血是不是特别明显，需要排除一下血管瘤的可能性。如果单纯是一个红色的斑点，一般很快就能消退，如果长时间不消退，可以带孩子去医院检查一下。

397. 孩子 10 个月了，头上有两道沟，从头顶对称一边一个，是怎么回事？

这两道沟是颅缝，现在孩子小，前囟门还没有闭合，有的孩子两侧的颅缝还是重合的。如果是颅缝重叠的话没有什么问题，等孩子长一长，就能长开。两侧头顶部和前面额头的部位有 4 块骨头，它们现在还没有长到一起，如果有一条沟，可能是颅缝裂开，需要让医生检查一下。

398. 宝宝 10 个月，舌头上起了一些泡，牙龈红，偶尔吃奶还会出血。现在第七颗牙刚长，是不是出牙的原因呢？需要吃药吗？

孩子在长牙之前有的表现为哭闹，有的表现为发烧，有的表现为地图舌，不同的孩子表现是不一样的。如果手上脚上也有泡的话，要考虑是不是病毒感染，如手足口病。孩子口腔溃疡，可能跟平时的饮食营养不平衡有关系，如缺乏 B 族维生素有可能导致孩子出现口腔溃疡。建议家长在平时的饮食中多给孩子吃一些粗粮。当然，如锌缺乏或者铁缺乏也会出现口腔溃疡，大约要经过 7 天左右才能好。这几天给孩子准备的食物一定要软烂、清淡一些，不然溃疡会很疼。总的原则是，孩子的饮食要全面多样，搞好保健，避免感冒，非医嘱的情况下不要给孩子随便用消炎药。

399. 女孩 10 个月，发烧 39℃，不咳嗽，嗓子里长了很多小红点，推拿能治疗吗？

这种情况推拿可以。孩子是病毒感染，嗓子里的小红点已经长出来了，属于湿热的情况，家长可以给孩子揉风池、大椎穴，两个手揪起大椎给孩子挤一下，这样可以退烧。因为这不是外感发烧，可以推六腑，推六腑的时候要把孩子的胳膊伸直，从肘推到腕，可以退热。10 个月的孩子一定要慢推，5 分钟到 10 分钟都可以。还要让孩子多喝水，烧得高了可以吃退烧药，并带孩子到医院对症治疗。

400. 孩子什么时候需要补充铁、锌、硒等微量元素？

其实在孩子 4~6 个月添加辅食时，首先要添加的就是含铁的谷类产品，这就是对铁的补充。这时候孩子从妈妈身体里带来的铁已经消耗得差不多了，需要食补，如谷物、菠菜、动物肝脏、瘦肉里都有铁。食物里已经有了，没必要再额外补充铁，除非这个孩子缺铁性贫血比较厉害，大夫要求补。

小孩子需要补锌的不多，如家长发现孩子最近吃饭不好、头发黄、肤色不好、精神不好、指甲出现异常或有地图舌，建议查一下孩子是否缺锌。硒是很微量的元素，很多情况下和锌一起补。微量元素没有必要每个孩子都补，最好体检时听大夫的建议再补充，尽量食补为好。

401. 怎样辨别孩子是不是斜颈？

首先，看孩子颈部是不是有一个包块，如果是斜颈，胸缩乳突肌会有一个包块，有一个条索状物，孩子转头的时候，就习惯性地向一侧转，吃奶的时候让向另一侧转他都不愿意，会哭，这是最典型的一项。还有一项就是孩子睡觉的时候，即便你把他摆得很直，他还是会侧歪过来，非要像弧形似的来睡觉，这种情况可以怀疑宝宝为斜颈。

402. 造成斜颈的原因是什么？

斜颈的原因有以下几个方面：第一，胎位不正的孩子比较多；第二，脐带绕颈的孩子；第三，胎儿太大，母亲怀孕的时候蹲坐的时间过长。这都是一些主要的原因，有些和遗传也有关系。

403. 斜颈是不是应该及早地治疗？

治疗斜颈越早，治愈率越高，年龄超过 1 周岁以后推拿效果就不怎么好了。超过 1 周岁如斜颈非常严重的话就需要手术了。如果仅依靠手法矫正的话时间会比较长，可能要坚持半年或者一年，有的时候也不一定能达到预期的效果。手法矫正主要采取推拿的手法，像局部揉搓、颈部旋转、颈部拨伸。颈部有包块的孩子，还需要做局部的理疗，如能坚持治疗的话，治愈率还是蛮高的。根据病情的不同，一般要 1~3 个月的治疗时间。

404. 治疗斜颈家庭护理需要注意什么？

家长早期发现，早期治疗，再就是家长可以对宝宝进行姿势矫正。如吃奶时让孩子转向有包块的一侧，睡觉时也有一个姿势矫正，平时抱着的时候也是让孩子把脸转向有斜颈的一侧，拿东西也是把

东西放到他有斜颈的一侧，让他用有斜颈一侧的手来拿东西，牵拉孩子的胸缩乳突肌，这些都需要家长有意识去做。

405．宝宝 11 个月，一直打呼噜，有痰咳不出，吃药只减轻了症状，是怎么回事？

孩子近期才出现咳嗽、有痰，治疗后咳嗽减轻了，后期可能痰去得慢一些。一个原因是与早期感染的病源有关系，如病毒或支原体感染。另外，可能和体质有关系，如过敏体质的孩子，除了引起炎症以外，还会导致气道的高反应性。炎症急性期过去后，还可能偶尔咳嗽，痰去得也慢。这个孩子的情况，要从早期咳嗽的性质和他是不是过敏体质这两方面考虑。现在可以吃点中成药清肺去痰。

如果说孩子从小打呼噜到现在，要看一下孩子是不是有先天性喉哮鸣。另外要看他有没有鼻塞、流鼻涕的情况。婴幼儿打呼噜和成人或大孩子不一样，大孩子可能是腺样体肥大、扁桃体肥大造成的，婴幼儿多半和喉头软骨的发育或鼻炎有关系。

406．孩子十一个多月，前两天感冒、发烧了，烧退时哭得厉害，现在嗓子都哑了，是什么原因呢？

这应该是上呼吸道感染的症状。这两天出现嗓子哑有两方面的原因：一个可能是早期感冒本来嗓子就发炎，炎症蔓延到声带的周围，影响孩子的发音，所以出现声音嘶哑的情况。另外，咽喉本身有炎症，孩子剧烈地哭闹，反复刺激也可能造成声带暂时性的水肿，以致声音嘶哑。

407．宝宝 1 岁了，头上有钙圈，晚上睡觉摇头、说梦话，是不是缺钙呢？

孩子头上有钙圈、晚上睡眠不踏实、经常摇头，这些都是缺钙症状，但是，不能仅根据其中的一个症状就确定是缺钙，孩子究竟缺不缺钙需要到医院检查才能下结论。建议家长给孩子做做相应的检查，如查查血钙、维生素 D 的情况，这些都很简单，收费也不高。

408. 孩子 1 岁零几天，喜欢喝奶粉，但喝后大便次数多、不成型，正常吗？

健康人的胃肠道内寄居着种类繁多的微生物，就是我们常说的肠道菌群。肠道菌群按一定的比例组合，各菌间互相制约，互相依存，达到一种平衡，一旦机体内外环境发生变化，就会导致肠道菌群失调。一岁多的宝宝如果一天大便 2 次到 3 次，还是可以的。但是需要观察大便，如果很稀的话，应该还是有问题。这种情况不需要吃抗生素和抗病毒药，除了吃点保护胃肠黏膜的药之外，还可以给他吃点调节肠道菌群的药物。

409. 孩子 1 岁，吃饭不好，一吃干的就想吐。3 个月前开始吃一种补铁口服液，与吃这个有关系吗？

家长如果担心是吃了补铁口服液造成孩子目前的情况，建议先停几天看看，也可以换换补铁的其他药物试试。

410. 宝宝六七个月的时候，从照片上能看出来黑眼球都朝里，会不会是斜视呢？

家长正常拿东西逗引孩子，如果孩子双眼注视那个物体是正常的追随反射，说明孩子的视力没问题。照片上看双眼黑眼球朝里，可能是假性的斜视。因为如果是真正的内斜视，孩子注视物体的时候是单眼，一个眼睛往里，另一个眼睛是正常的。斜视应该是两个眼不对称，所以家长不要特别担心。

411. 孩子1岁，得结膜炎时点眼药好了，但一只眼睛总是泪汪汪的，是什么原因？

如果宝宝只是一只眼睛出现泪液流淌不畅的状态，建议家长带孩子查一下是不是泪囊炎。如果是泪囊炎的话，或是存在鼻泪管开口处欠通畅的状况，需要适当地辅以按摩的手法。

412. 孩子一岁多，吃草莓过敏长了荨麻疹，用药后好转，现在能不能出门？

如果很明确地说是吃草莓过敏，一般红点在两三天后会消失。孩子会有痒的感觉，红点起来之后妈妈一定要给孩子抹洗剂，也可以给孩子吃治疗过敏的药。既然孩子是吃草莓过敏，那么在半年之内不要让孩子接触草莓类的食品，包括草莓、草莓酱、草莓味的食物都尽量避免。现在孩子出门没有问题。

413. 宝宝总是抓眼睛、蹭鼻子，得过湿疹，算不算是过敏性体质呢？

容易出湿疹、揉眼睛、打喷嚏，这种情况叫儿童特异性体质。

也就是过敏性体质。这个孩子的表现说明他属于过敏性体质。家长护理这样的孩子时一定要特别注意，尤其是对于皮肤的护理要格外小心，避免不必要的刺激。

414. 孩子一岁多，哭时眉毛、左眼下有红斑点；出生时腿上有褐色的斑，而且在长，要治疗吗？

因为孩子小，皮肤的脆性比较大，孩子哭闹以后出现出血点应该没有什么问题。至于腿上的斑，建议家长带孩子到医院皮肤科检查一下，根据具体情况判断、治疗。

415. 宝宝1岁，这两天不排便了，吃饭、睡觉不好，舌苔白，晚上睡不好，怎样调理？

有可能存在缺钙的现象，缺钙容易晚上睡不好觉，也容易哭闹或者出汗多。还可能是消化不良，消化不良的孩子嘴里舌苔白厚，中医讲"胃不合则卧不安"，晚上翻来覆去睡不好觉。可以带着孩子上中医院调理调理。

416. 宝宝1岁，近日吃饭会吐，舌苔厚，舌尖红；大便稀，一天六七次，该怎么办？

这种情况应该是消化不良，单纯地吃益生菌效果并不是很好，可以给孩子吃点保护胃肠黏膜的药。一天六七次大便次数有点偏多，最好去医院化验一下大便。舌苔厚、舌尖红都是因为消化不良导致的内热。

417. 宝宝一岁零一个月了，还没有长牙，是什么原因？

一般正常情况下宝宝 4～6 个月开始长牙，最晚到 12 个月开始长。出牙晚的原因较多，有的孩子是由于缺钙导致出牙晚，有的孩子有家族遗传的原因。孩子毕竟一岁多了，可以到医院拍个片子，看一下有没有牙根。

418. 孩子 1 岁 2 个月，睡觉出汗，后背起了小疙瘩，还痒，该怎么办？

可能和晚上出汗有关系。天气转暖，晚上出汗多，孩子盖得比较多，汗不容易散，贴在身上，皮肤也比较敏感，所以背上起了些疙瘩。可以局部抹点药，晚上给孩子穿得、盖得不要太多，以不出汗为原则。如果出汗太多，孩子的皮肤比较嫩，这些汗的刺激都可以引起皮疹。皮肤痒会影响孩子的情绪，情绪受影响，食欲也会受影响。

419. 孩子 1 岁 2 个月了，早上突然流鼻涕，是不是感冒了？

孩子可能是感冒了。流鼻涕要么是受凉，要么是接触了周围感冒的病人。精神头好的话说明症状不一定很重，刚刚有一点外感，给宝宝吃点小儿常吃的感冒药就可以了；如果周围有感冒病人，也可以吃一些抗病毒的感冒药，还要注意孩子体温的变化。护理方面要多喝热水，促进孩子血液循环，也可以使病毒从嗓子这个地方咽下去，到消化道里由胃酸来消灭。另外，让宝宝多吃点水果、蔬菜，对病情的控制也有很好的帮助。

420. 孩子睡觉时经常像吓着一样，小手猛地伸一下，是怎么回事？

如果次数多的话孩子需要补点钙，并晒晒太阳。刚从冬天过来的产妇，体内缺少维生素 D 和钙，母子俩可以都晒晒。哺乳期母亲吃点维生素 D 或晒晒太阳，乳汁当中也含有维生素 D 的成分。妈妈补的话，钙和维生素 AD 一块吃，搭配着吃吸收好。

421. 宝宝晚上烧到 38.5℃，打了退烧针后早上 38.1℃，第二天中午 37.6℃，下午体温又有升高，该怎样处理？

光吃退烧药不行，得治疗疾病。像这位家长给孩子打了退烧针，还要吃抗病毒的药物。要先看看这个孩子是什么原因引起的发烧，如果孩子还流鼻涕、打喷嚏，可能是晚上开着窗户或者是开空调睡觉着凉了，要给他吃点治感冒的药物。还要看一下他嗓子红不红，夏天容易长咽部疱疹，用勺子压压看看嗓子有没有红泡泡，一般疱疹性咽炎也容易引起发烧不退。如果宝宝还发烧的话，要到医院检查一下，看看是病毒感染还是细菌感染。一般 90% 多的孩子感冒发烧都是病毒性的，吃点中成药清热解毒退热，再配着西药的退烧药来治疗就行。

422. 孩子 1 岁 2 个月，总是反复感冒、咳嗽，还喘，怎么办？

需要到医院检查一下，确定这个孩子是不是呼吸道敏感。如果经常感冒，还要考虑有哮喘的可能性，如对冷空气或者某种气味、食物敏感，总是咳嗽，每次都喘。另外，看看孩子是不是免疫力比较低。家长要注意宝宝的喂养方式和营养状态，适度增加锻炼，增强孩子的体质，以抵抗疾病。

423. 过敏性哮喘会遗传吗？

目前这个病有遗传倾向。其实好多病都有遗传倾向，只不过程度不一罢了。当然，许多疾病也与后天的环境有关系。后天的环境

影响，特别是反复的呼吸道感染，就是过敏性哮喘最常见的诱因。

424．宝宝1岁3个月，感冒3天，流鼻涕，咳嗽，吃了中成药、治咳嗽的药，行吗？

呼吸道感染恢复期痰会更多，而且小孩咳嗽能力又弱，这个时候要勤给他拍拍背，让孩子侧过来，大人手心稍微凹一下，从下往上拍。如果咳嗽次数多，建议上医院看看有没有肺部的病变，可以让大夫听诊，或者做一个胸部的X线检查。如果家里的大人感冒了，和孩子接触的时候要带口罩，室内要通风换气、熏熏醋，或者用84消毒液喷喷。

425．孩子14个月，一直有贫血的症状，中医有什么好办法？

首先要确定孩子属于哪种类型的贫血。从临床来讲，小儿最常见的是营养性贫血，营养性贫血里最常见的是营养性缺铁性贫血。营养性缺铁性贫血主要是由于小儿辅食没有及时添加像蛋黄、猪肝、瘦肉这样含铁丰富的食物引起的。如果属于营养性缺铁性贫血，除了西医用一些补铁剂之外，中医也有合适的中成药，也有汤药，要根据孩子的具体情况辨证治疗。

426．孩子1岁4个月，之前积食，又吐又拉、抽风，可以吃王氏保赤丸吗？

可以吃，但是又吐又拉不一定是积食的原因。应该到医院就诊，及时对症处理。如果是积食引起的吐泻，有一个特点就是孩子的呕吐物和排泄物一定是特别臭的，孩子吐泻以后会很舒服。所以家长要记住一句话，若要小儿安，三分饥与寒。就是说小孩宁可少喂一口，千万不要多喂那一口，因为小孩的脾胃比较弱。还要观察孩子舌苔的情况，如果舌苔黄又厚，口气特别臭，张嘴能闻到孩子嘴里的臭味，宝宝还喜欢趴着睡，这种情况往往就是有食火了。所以，第一步要减少孩子饮食的量和热量；第二步，如果减少了以后没有明显的缓解，需要再加点药物进行调理。

427. 宝宝1岁4个月了，能喝酸奶吗？

可以喝，1岁4个月可以消化酸奶了。酸奶和纯牛奶比较起来，是比较好消化的。但不要给宝宝喝过量，一般一天控制的量是100毫升。

428. 男孩1岁8个月，髋关节一过性滑膜炎，早晨起来时腿疼不敢弯曲，有好办法治吗？

一过性滑膜炎多半和感冒有关系，特别是病毒感染。一过性滑膜炎是无菌性的炎症，所以没有特别好、特别见效的药。如果病程长了，治疗起来更有难度。在临床上一般给孩子用营养神经的药，如B族维生素；另外，要让孩子多休息，这点也非常重要。

429. 宝宝22个月，去动物园后手背起成片的小红点，脸上、身上也有，是什么呢？

这个情况多半是过敏引起来的，可能是湿疹。春天是容易过敏

的季节，加上动物园里动物的粪便、皮毛的气味在那个环境里面浓度比较大，所以估计孩子是过敏的情况。应及时离开过敏因素，避免接触动物皮毛等。可以局部抹点软膏或用一点治湿疹的中成药。

430. 孩子 1 岁 5 个月了，现在晚上老是咳嗽，是什么原因呢？

如果短期内出现咳嗽，家长要考虑是不是上呼吸道感染，甚至支气管炎或者肺炎。另外，如果咳嗽时间很长的话，要警惕是否是过敏性咳嗽，看看孩子是不是过敏性体质；这种咳嗽一般在晚上睡觉时、尤其清晨会出现一阵子。

431. 孩子 17 个月，12 个月时得了肛周脓肿，后来没有出现红肿的情况，还需要做手术吗？

虽然孩子现在没有再出现脓肿的情况，但还是应该让医生做一个肛诊，摸一摸里面有没有异常，这样检查就能够明确了。孩子可能现在不疼，但是这个地方容易继发感染，所以家长要注意观察，并注意宝宝的卫生，不要让它成为一种长期的隐患。

432. 宝宝 18 个月了，最近不爱吃饭、喝水，还有点便秘，怎么办？

宝宝可能上火了。上火的原因有内因也有外因。从内因上讲，宝宝体质偏热，肠胃处于发育阶段，消化功能尚未健全，食物搭配不科学会引起上火。外因是指饮食和环境。饮食的因素像过多的肉类、过浓的牛奶、过甜的饮料、零食这些高蛋白质的食品摄入就是火的来源。另外，像薯片、饼干等油煎、油炸食品的摄入也是上火的因素之一。环境也会引起上火，如天气炎热潮湿、水质偏热。可以用食疗的方式调理，如夏天吃点西瓜和清火的蔬菜，像西红柿、苦瓜、海带、芹菜、莴苣、茄子等。还可以选择新鲜可口、易于消化的食品，如瘦猪肉、鸭肉、兔肉、鲑鱼，以增加蛋白质的摄取量。烹调的方式以清蒸为主。另外还要注意多喝白开水，保持足够的睡眠、清新的环境和愉快的心情，劳逸结合等。

433. 2 岁的孩子，最近吃饭不好，口气不清新，该怎么调理？

孩子口气不清新或者嘴里有酸臭味，通常是孩子消化不良的表现。这时候家长要注意两个问题：第一，给孩子吃点助消化的药物。第二，给孩子养成良好的饮食习惯。现在生活条件好了，孩子饮食往往摄入量较多，有的孩子天天都有虾、鱼，有一些家长还给孩子吃海参，还有的一顿吃 6 个鹌鹑蛋，这都是不太科学的喂养方式，会造成孩子的胃肠负担加重，容易出现消化不良。

434. 2 岁的孩子饮食该怎样安排？

2 岁的孩子基本上可以当一个大孩子来对待，其作息和饮食与正常成年人的要求基本相同，但是加工一定要细致。现在很多孩子到两岁还不知道吃三顿饭，有时候早、中、晚根本分不清，那麻烦就大了。如光上午的加餐，吃的就和早饭一样多，这样孩子到了幼儿园会非常不适应，会出现一系列问题的。加餐通常是加在上午 10 点左右、下午 2 点左右，加的量要比正常三餐的少。可以加点水果、小点心一类比较容易消化、纤维素比较多、孩子愿意吃的食品，但原则是量都不能多，即不能影响正餐。

435. 中医如何判断孩子是否积食？

第一，确认一下孩子两颊的温度是否一样，或者可以用眼睛观察一下到底孩子是左腮红还是右腮红。第二，摸摸孩子的手心和手背的温度差距大不大。第三，闻闻孩子嘴里有没有味。第四，看一下孩子的舌苔中间是否比较黄。如果是积食，可以给孩子喝点绿豆汤，吃点西瓜和绿叶蔬菜。但月龄段太小、没添加辅食的孩子，不

适合这么做。

436. 孩子 2 岁 3 个月，不愿意吃维生素 D，能不能定期注射？

2 岁前每天可吃一粒维生素 D 补充剂，2 岁以后就不需要每天吃了。而维生素 D3 注射剂都是大剂量的，如果现在孩子维生素缺乏很明显，可以打一针，最多打两针，否则会有中毒的危险。况且维生素 D3 注射剂是不允许随便注射的，所以提醒家长不能用注射剂代替预防量，一定要在医生的指导下给孩子用药。

437. 孩子 2 岁 3 个月，打完预防针后流清鼻涕，不发烧，没事吧？

打完预防针出现这种情况，可能是打预防针的一个反应，有的孩子还会起疹子。所有的疫苗都是弱毒，它可以激起孩子的免疫力，给孩子的机体一点点毒性，然后让身体的抗体认识这个毒，开始发烧。其实发烧不是坏事，体温升高能杀死病菌，增强免疫力。目前孩子流清鼻涕，不咳嗽，估计是着凉感冒了。提醒家长要在孩子最健康的状态打预防针，如果感冒、发烧了，最好等病愈一周后再去打预防针。回来后多喝水，3 天内尽量避免出去玩。另外，如果孩子第一次打预防针就发烧，以后家长就要有这个意识了，再去打预防针要做好思想准备，看会不会再出现这种情况。

438. 孩子注射疫苗之后出现了红肿的情况，该怎样处理？

大多数疫苗接种后不会引起严重反应。但孩子体质不同，在预防接种后，有些孩子会出现反应症状，一般在预防接种后 24 小时左右出现，如红、肿，热、痛等，重的还会引起附近淋巴结、淋巴管发炎。肿大的硬结范围又可以轻、中、重，红肿部位直径不超过 5 毫米不用担心，如果超过，最好到医院看看。个别孩子还会出现全身反应，如高烧不退或有其他异常，应及时送医院诊治。为了保证安全、减少反应，各种预防接种必须在孩子身体健康的时候进行。注射预防针后家长要注意观察，让孩子多喝水、多休息、不剧烈运动，保持局部清洁，不用手抓，避免破溃后感染；不吃有刺激性的食物，如大蒜、辣椒等。

439. 孩子得了湿疹一直没有好，2 个月没打疫苗了，包括白百破和乙肝疫苗，对宝宝有影响吗？

及时注射疫苗对一些疾病可以起到预防作用。如在打疫苗之前接触了白百破病毒，有可能会得病，因为孩子对这个病的抵抗力没有，打了以后才能获得免疫力。孩子起湿疹应明确过敏因素，从源头上控制住，还可以用一些洗的中药试试，但没有什么特效的疗法。

440. 打预防针是不是会降低孩子的抵抗力？几天能恢复正常？

打预防针不会降低孩子抵抗力。为什么有些孩子打完预防针后发烧了呢？这属于对预防针的反应，因为预防接种的免疫制剂属于生物制剂，对人体是一种外来刺激：活疫苗的接种实际上是一次轻度感染，灭活疫苗对人体是一种异物刺激，因此都会引起不同程度的局部或全身反应。一个抗原进入孩子的体内之后，肝脏等系统会

针对这个抗原产生一个保护机体的抗体，这时候通过扩大反应使抗体的产生越来越多，如果再有病毒进入体内的话孩子就有抗体了，抗原抗体就会中和，从而把病毒消灭掉。打疫苗的作用是为了增强免疫力，而不是为了降低免疫力。孩子打完疫苗以后家长要多留心、多观察，注意测体温，看有没有疫苗反应，如果出现了问题，应及时去医院咨询医生。

441．现在有一些推荐的或者是自费的疫苗需不需要给孩子注射？

给不给孩子注射主要看家长的意愿，也要根据孩子的情况。比如，这个孩子的免疫力不好，经常感冒，建议家长每年给孩子注射流感疫苗。流感疫苗是一些专家通过预测估计今年可能流行哪种流感而研制的，注射了这个疫苗，最大可能是流行的菌株可以提前预防，但是孩子接触到没有预测进去的菌株还会得病。所以，是否注射要看孩子个人的体质，如果家长觉得孩子的身体很好，得病的机会不很大，就可以不打。

442．孩子两岁三个多月，不发烧，只流清鼻涕，可否食疗？

可以。用葱白加点红糖熬水给宝宝喝，或者用两三头蒜瓣，从中间劈开放上冰糖，再加上小半碗水蒸化之后喝也可以。除此之外，平时要增强宝宝呼吸道的免疫力，如用冷水清洗孩子鼻腔，家长用手按摩孩子鼻翼两侧，晚上睡觉前给孩子泡泡脚等。冬天有的孩子会比较敏感，增强孩子自身的抵抗力才是根本。像宝宝这个情况要注意用药，如果总是这样反复的话，就要考虑是不是鼻炎。建议晚上孩子躺下的时候家长注意一下他的鼻腔里有没有呼吸不畅或憋气的症状，如有，就可能是鼻炎。

443．孩子2岁半，感冒时有眼屎，电视看久了眼睛水汪汪的，该怎么办？

孩子感冒以后也会影响眼睛，眼睛可能同时出现了结膜炎症。孩子看电视或者电脑时间长了，眼睛就会不舒服，分泌的泪液就多一点。如果有炎症，可以给孩子使用一点抗生素的眼药水。另外，家长要尽量缩短孩子看电视的时间，或者看一会儿休息休息眼睛。1~3岁的孩子建议每次看电视的时间在半小时左右，一天不超过2个小时。

444. 孩子2岁半，每天看几个小时电视，有时侧眼看，需要检查吗？

建议家长带孩子去眼科检查一下。孩子看电视时间太长，家长应该和孩子多交流，或者进行户外活动，这样对孩子的身心发育，包括语言发展、情商发育都有好处。这么大的孩子最多连续看电视30分钟，学龄前的孩子也最好掌握这么长时间，如果超出这个时间，对视力和其他方面的影响还是比较大的。希望家长限制孩子看电视的时间。

445. 孩子2岁10个月，一般下午睡两个小时，晚上10点能睡到第二天9点，正常吗？

睡眠时间虽有点长，但还在可以接受的范围内。不过，还是建议家长让孩子早上按点起床，因为可能半年后要入幼儿园了，幼儿园的作息时间是非常有规律的。一般幼儿园午饭后都有一到一个半小时的睡眠时间，还会有一个下午课的活动时间，所以家长要尽可能不让孩子下午睡觉，让宝宝午饭后睡。如果家长现在不开始帮孩

子调整作息时间，到了上幼儿园的时候就晚了。建议家长晚上让孩子一般 7：30～8：00 准备入睡，尽量在 9：00 以前睡着，早晨 6：00～7：00 起床，这样孩子白天困得就早，午睡时间就好掌握了。

446. 孩子先天免疫缺陷，鹅口疮反复发作，有什么好办法吗？

先天性免疫缺陷这个疾病是很严重的，这种孩子不仅是患鹅口疮的问题，还会反复出现严重的感染。孩子体质较弱，如果经常用抗生素的话，口腔里面容易长鹅口疮。所以现在要搞清楚孩子是什么状态，然后再用药物。假如是某一种免疫缺陷的话，如体检免疫是 IGG 缺乏，就得用 IGG 治疗。补上缺陷的东西，机体的免疫力提高了，就不会继续感染了，才能避免鹅口疮。如果孩子的原发病不治愈，鹅口疮很难治好。家长平常要注意孩子的口腔护理，经常给孩子的口腔里面涂一些用小苏打配的碱性液体，这对治疗鹅口疮有好处。同时，孩子要养成勤漱口、保持口腔卫生的习惯。

447. 宝宝感冒发烧，吃感冒口服液后拉肚子，该怎么办？

感冒口服液的成分，按感冒类型是有区别的，分风热感冒和风寒感冒两种。中医开处方的时候是因人而宜的，不同的人、不同的病情用的药，可能出现剂量不同的情况。这个孩子吃了这种口服液以后腹泻，可能是服用的剂量有点大，可以在出现同样症状的时候减量服用。

448. 对孩子来说，过敏性哮喘和感冒咳嗽有什么区别？

从根本上说，这两种病是完全不一样的。过敏性哮喘临床叫哮喘，宝宝往往从小长湿疹，对很多东西过敏，一般还有家族病史，父母方有这种过敏性体质，如哮喘、荨麻疹体质史等等，属于难治的疾病。如别的孩子受凉了，仅仅引起鼻塞流涕、咳嗽、风寒感冒，但是这种孩子感冒以后伴随而来的是气管炎，会出现喘憋的情况。

稍微有点诱因，如受凉受热，或饮食稍微不合适，甚至有些孩子春天到树林里走一圈，花粉一吸入就诱发哮喘。对患哮喘病的孩子，需要家长做的是饮食清淡，尽量不吃大虾、羊肉。另外，中医治疗不是一两天的事，不要发作就治，不发作就不治，要注重缓解期的治疗，就是当孩子不喘的时候，也要用药物来调理他的脏腑功能。

449. 孩子患过敏性哮喘，在饮食方面需要注意什么？

哮喘的孩子对外界的环境是敏感的，饮食方面首先得排除容易导致过敏的食物。所以家长平时在喂养的时候一定要注意观察，一般导致过敏的是蛋白质，如虾、羊肉、鱼。当然，如果孩子属于过敏性体质，包括喝豆浆、吃肉，还有喝奶粉都可能过敏。所以应该先去查一下孩子对什么东西敏感，不过敏的食物都可以吃。

450. 孩子肚脐里面有气，用棉签按的时候能听到响声，是脐疝吗？

脐疝是指：肚脐中间下面的腹壁肌肉层没有长上，当孩子腹压增加，比如咳嗽或哭闹的时候会有肠内物从脐孔疝出，肚脐就会形成一个鼓包，当孩子腹压减少的时候用手慢慢能推回去。如果能听到响声就不是脐疝，这种情况建议还是到医院去检查一下。

451. 妈妈感冒了，晚上戴口罩给宝宝喂奶，还会传染吗？

如果妈妈感冒了喂母乳，建议口罩要找厚一点儿的，这样才能避免传染。只要戴了厚口罩，避免口与口的接触，传染的机会应该不多。再有，妈妈感冒之后可能会吃药，产生了一些抵抗力，这样对孩子是有好处的。

452. 小儿病毒性心肌炎治疗时要注意什么?

病毒性心肌炎是因为病毒感染而侵犯心肌,引起心肌细胞变性、坏死和间质的炎症。病毒性心肌炎发病率较高,任何病毒感染均可能累及心脏,引起心肌炎。轻型心肌炎主要靠休息,并注意预防新的感染,经过几周至数月治疗会逐渐痊愈。重症心肌炎必须住院治疗,以随时进行心电监护,及时发现病情变化,给予相应的治疗和护理,防止病情突变。轻、中型患儿要卧床休息,家长要密切观察孩子病情变化,注意观察面色、呼吸、脉搏,如出现憋气、心慌、烦躁不安、出汗、面色苍白、气急等情况,应立即到医院就诊。

453. 中医推拿能治疗宝宝哪些疾病或能解决哪些问题?

根据孩子的体质不同,小儿保健推拿采取相应的穴位和推拿手法,把孩子的身体调理到最佳的健康状态。中医学根据人的形体、心理特征、常见表现、发病倾向、对外界适应能力的不同,把孩子体质类型分为气血平和型、气虚型、阳虚型、阴虚型、痰湿型。通过对体质的辨认,对孩子体质类型有一个了解,再根据孩子的体质、患病的规律、发病的特点,采取相应的穴位和推拿手法调理,防患于未然,把孩子调到最佳的健康状态。如有的孩子火气大,有眼屎,烦燥,大便干,体型偏瘦,这就是阴虚体质的表现。推拿的时候可以选择一些泄火、补水和滋阴的方法。如果孩子经常感冒体虚，可以选择补气虚的保健方法进行调理，如捏脊、揉足三里。

454. 小儿推拿对于宝宝哪些常见病的治疗效果比较理想？

效果最好的是腹泻，推拿 1～3 次就能见效。感冒和发热一般需要 3 天的推拿，推完之后就可以退热。

455. 哪些症状可以判断宝宝是上火了呢？

出现以下症状就可以判断宝宝是上火了：首先大便干。如宝宝三五天排便一次，过程延长、排便困难、哭闹，这会引起宝宝心理上对排便的抗拒，出现习惯性便秘，有害物质会在胃肠道内产生毒素，降低免疫力。第二个症状是小便黄。如果发现小便颜色黄、量变少，就代表宝宝上火了。第三就是口舌生疮。不会说话的孩子多表现为不肯吃饭，容易烦燥、不安、哭闹，甚至是不愿意喝水。第四是宝宝睡不香。如睡觉烦燥、哭闹、易醒、咬牙等。第五个症状是眼屎增多，尤其是早晨起床眼角有眼屎，有时会粘住眼睛。第六个症状是宝宝有口气。宝宝口中如果呼出不良气味也表示可能上火。家长应及时判断，采取措施。

456. 小儿的斜视和屈光不正一般多发生在什么年龄段？

斜视、屈光不正和弱视是孩子很常见的眼病。发病率在各个年龄段都有，但是多集中在 3～6 岁左右。斜视、弱视的危害不仅影响到单眼的视力，同时也影响到双眼视觉的发育，如果不及时治疗，孩子会成为一个立体盲，没有立体视觉，这样也就不能很好地适应现代科学技术发展的需要。我国斜视、弱视的患病率大概是 3%～4%，因此我国斜视、弱视患者数量非常可观。斜、弱视的治疗效果与年龄是相关的，年龄越小，疗效越好，成人以后再进行治疗，一般很难治愈。所以，早期发现，早期进行相应的治疗，会有一个比较好的效果。

457. 小儿斜视是一种什么样的疾病，哪些因素会导致孩子出现斜视？

　　小儿斜视是孩子双眼的视轴不平行的眼部疾患。如果一个眼注视的时候，另一个眼往里偏斜，这就叫内斜视；向外偏斜，就是外斜视；如果两个眼不在一个水平线上，一个眼睛注视前方，另一个眼睛偏上或者偏下，就是上下斜视或垂直斜视。内斜视是比较常见的一种眼位偏斜，在儿童斜视中，内斜视占 50% 左右。内斜视常见的诱发因素有神经支配的不平衡，解剖、机械的因素，还有一个重要的原因就是屈光不正，再就是遗传因素，或者是调节的因素等。

458. 如果孩子得了斜视，如何治疗呢？

　　根据斜视类型有不同的处理和治疗办法。婴幼儿型的斜视一般在孩子出生后 6 个月发生，一般没有明显的屈光症状，没有明显的高度屈光不正。如果两个眼出现交替的内斜，说明两眼视力相当，没有明显的单眼弱视，这种情况，一般考虑在确定孩子没有异常屈光或弱视的情况下手术。2 岁以前手术矫正，通过融合功能可以保持眼球的正位。再一种情况是屈光的一个调节性内斜视，这种孩子一般多伴有屈光不正，可以通过睫状肌麻痹、验光，佩戴合适的眼镜，戴上眼镜后，眼位正了，一般不需手术。还有一种就是非调节性的或部分调节性的内斜视，通过佩戴眼镜或手术来进行矫正。以上情况建议早治疗，因为早期手术是在孩子视觉发育关键期内进行的，眼位正了，双眼视觉才有可能健康发育。

459. 宝宝 2 岁，有过敏性鼻炎，吃药效果不好，推拿能缓解吗？

　　鼻炎推拿也是可以见效果的，但是比较慢。在家里可以给孩子按摩迎香穴，迎香穴在鼻翼两侧凹陷处。鼻翼外侧可以揉一揉，揉了以后孩子的呼吸会缓解，就不憋了。再揉一揉风池，也可以起到通鼻子的作用。

460. 孩子 2 岁就有大喘气的症状，像是憋得喘不过气来，快 3 岁了还有，怎么回事？

孩子出现这种长出气情况可能是宝宝憋气的一种表现。在儿科常见的有这么三种病因：一个是心肌炎。有些心肌炎，憋气是其中的一个症状。另外一个是哮喘。胸闷、憋气，有些孩子哮喘不一定咳嗽喘，而是以胸闷憋气为主。第三种情况和神经因素有关。神经因素和外界的刺激有关系，就是成人患有的神经官能症。如三岁多的孩子对某些大人的话或者某些刺激比较敏感，一紧张或一刺激，就会出现这种症状，容易反复，好起来比较慢一些。这个孩子最好能去医院检查一下。

461. 孩子两岁多，干咳不厉害，有点痰，需要吃药吗？

这得看孩子咳嗽的性质和伴随的症状。如果就是单纯的轻咳、干咳，不剧烈，没有痰，睡觉或安静的时候不咳，偶尔活动以后或早晨起来就咳嗽几声，不要盲目地去吃一些抗生素，喝水或者给宝宝一些对症的止咳中成药就可以。如果宝宝的咳嗽比较剧烈，或者成阵发性的咳嗽，同时咳嗽有痰，特别是一些黄色的黏痰，或伴有发烧等症状，有感染的情况，一般需要给孩子诊治、用药，如果不用药的话炎症容易扩散，引起肺炎。

462. 3 岁宝宝感冒了，因为是夏天，给她喝了藿香正气水，可以吗？

可以。夏天的感冒多是暑热感冒，和冬天的风寒感冒是不一样的。冬天要发汗解表，夏天要清暑热。

463. 小孩 3 岁，发烧之前身上老是痒痒，头、手、脚全身都起疙瘩，是怎么回事？

发烧之前会起疙瘩，这个疙瘩的性质最好找大夫看看。如果每次都和发烧有关系，要考虑是不是病毒感染引起的，如果是，随着病毒感染的控制，可能这个皮疹就会逐渐消退。还要考虑是不是过敏。如果大夫说是过敏，吃了抗过敏的药物，就能减轻症状。如果是过敏引起来的，还应该查查过敏源，在平时的生活中尽量避免接触过敏源，反复的话可以吃一些抗过敏的药物。另外，可以吃点中药改善孩子的体质。

464. 宝宝 3 岁，在农村长大，没有补过钙和维生素 D，现在还能吃吗？

孩子 3 岁了，可以带他去做一个全面的检查，因为孩子在成长过程中长得快也会缺钙。户外活动多的话可以不吃补钙的药，接受阳光照射补钙就可以了。

465. 孩子 3 岁，有鼻炎，起床会打喷嚏、流鼻涕，做了过敏试验查不出过敏源，该怎么办？

有一些过敏的情况不太好找出实际的过敏源，可以带孩子到医院耳鼻喉科用激光治疗鼻炎，不用药物，治疗效果也不错。另外，带孩子进行适当的体育锻炼，增强孩子的体质也很重要。

466. 爸爸是先天性青光眼，孩子的眼睛会不会受影响？

先天性青光眼的患者确实存在遗传的可能。如果家里有青光眼病人或者患者，家长应该特别关注下一代的眼睛，最好早一点带孩子去眼科让专业的医生检查一下，看看孩子是不是有青光眼。

467. 孩子睡觉时时常喊上一句，有时突然哭起来，是怎么回事？

这是睡眠障碍的一种，也叫夜惊、梦夜，一般是在孩子入睡以后的一到两个小时出现，会有叫啊、说梦话等表现，有的还哭闹，再严重就是梦游了，甚至起来做一些什么事情。建议先带孩子到医院去检查一下，看有没有脑部疾病，假如没有的话做一下脑电图，看一下脑电波有没有异常。排除以上的问题后，父母要注意白天不要让孩子太兴奋或运动太剧烈了。还有，如果孩子最近碰到什么害怕的事情，也可能会做梦。如有的孩子刚上幼儿园，环境改变了，离开父母有恐惧感，对陌生环境不熟悉而哭闹，晚上睡觉的时候会有所表现。这个比较正常，多给予孩子关心、呵护，慢慢地这种情绪就过去了。

468. 什么是幼儿急疹？

幼儿急疹，几乎每个孩子都要长一次，一般是6个月以后1岁以内，甚至早一点四五个月。临床症状除了发高烧之外，没有其他显著的症状。孩子一般状况也挺好，烧到三四天之后不烧了，然后孩子身上包括躯干、头、脸、四肢都会陆续出现淡红色的皮疹。这个时候家长不要着急，可以去医院让医生确认一下。如果是幼儿急疹，皮疹出来这个病就快要结束了，不像其他出疹疾病那么凶险，是最

轻微的出疹疾病。家长要注意与感冒引起的发烧区别开来。

469. 什么是小儿麻疹？

麻疹是孩子先烧三四天，三四天之后才出皮疹，而且出皮疹的时候发烧会更重。其他症状也很明显，如精神萎靡、眼睛畏光、眼睛充血、口腔黏膜有白色的斑点、流鼻涕、流眼泪等。麻疹出的皮疹比幼儿急疹更突出、更密集、更大一些。麻疹在出皮疹之前口腔里先出现白色的斑点，所以，孩子发烧两三天的时候家长可以先看看孩子的口腔。

470. 麻疹、水痘等疾病有什么注意事项？

麻疹、水痘都有一定的潜伏期，还需要隔离期。麻疹的隔离期是出疹之前5天、出疹之后5天，如果合并肺炎的话需要再延长。在传染期的时候更需要隔离，接触传染病人之后要把他用过的物品如衣被在日光下晾晒，室内的把手、桌面、地面可以用含氯的消毒剂来喷洒。

471. 春季孩子容易患的呼吸道疾病有哪些？

春季是传染性疾病多发的季节，特别是呼吸道传染病，如流行性感冒、麻疹、水痘、腮腺炎、风疹、猩红热等，是通过空气短距离的飞沫，还有接触呼吸道分泌物等途径传染的。

472. 春季的呼吸道疾病如何预防？应该注意什么？

首先，既然是呼吸道传染病，可以经常带孩子到户外、郊外呼吸新鲜空气，每天散步、慢跑、做操，舒展筋骨，增强体质。不要去人口密集、人员混杂的地方，如超市、市场、活动室。家里如果大人感冒，需要带上口罩，室内可以用醋每天熏蒸两小时，定期开窗通风。再就是可以从饮食上增强孩子的体质。吃一些新鲜水果、蔬菜，含维生素 C 多的食物能有效防止感冒初期病情的发展。还有，要让孩子加强体格锻炼，开始时先在气温适宜、没有强风的时候从室外开始，逐渐增强孩子对外界环境的适应能力。另外，孩子可以早晚刷牙、漱口，或是吃奶、进食后喝一些温开水。家长还要把握好孩子的衣物增减，尤其不要穿得太多。

473. 春季孩子容易感冒、发烧的原因是什么？

春天是一年四季里容易生病的季节，气候变化无常，乍暖还寒，孩子又不会自己增减衣服，容易着凉。中医认为好多种疾病是风邪引起来的，春季在中医来讲就是以"风"为主的季节，所以好多的疾病，尤其肺部的疾病，包括一些传染性疾病、过敏性疾病，大部分在春季多发。春天最常见的还是感冒，感冒如果治疗不彻底，会转成气管炎、肺炎。另外，有些传染病早期的症状和感冒很相似。如果孩子出现不能解释原因的全身起皮疹、高热不退症状，要警惕是不是传染病。由于某些原因没有注射疫苗的孩子尤其要警惕传染病。

474. 春季孩子出门晒太阳以多长时间为好？

出门晒太阳的时间一般根据孩子的个人体质和平时的养护状态来定。如孩子从出生以后基本上没怎么出门，一开始出门要循序渐进，时间要短，活动不要太剧烈，可以是 5 分钟、10 分钟，慢慢延长。一些孩子从小就在外面玩，甚至大冬天也在外面玩，这样的孩子就可以时间长一些。但是不管怎么说，春天一定要让孩子出门晒太阳，增加户外

运动。

475. 春季孩子饮食方面应注意哪些问题？

首先要按时就餐，4~6个月的孩子吃母乳或奶粉，主张按需喂养，饿了、哭的时候就喂。稍微大一点就要尽量定时、定顿了。其次不要偏食，荤素搭配，粗细混吃，口味不要太重，适当清淡一些，避免给孩子咸、甜、辣食物。另外，冬季出门的机会较少，暴露皮肤的机会更少，起不到晒太阳生成维生素D的作用，所以春天要增加户外活动，适当补钙、维生素D。平时注意多吃一些含钙的食物，如芝麻、虾皮、萝卜、黄花菜，多喝骨头汤，以帮助孩子生长发育。还要适当地补充维生素，尤其维生素C可以提高人的免疫力，苹果、橘子、西红柿、萝卜、大枣等也都是很好的食物。另外，日常饮食比较容易疏漏的粗粮也要给孩子吃，常见的如甜玉米、小米馒头、糯米、豆类，以补充一些矿物质。

476. 春季宝宝容易患病，为什么还会有心理压力？

很多人认为小孩子没有心理压力，一会儿哭、一会儿笑的，忘性也很大。但是妈妈如果属于紧张型的，经常督促孩子、批评孩子，或因为各种原因带孩子离开原来的环境，让孩子经常在陌生的环境中生活，这时候孩子就会产生压力。在压力下生活，孩子生长发育会受到影响，也容易得病。

477. 喉炎的症状有哪些？

喉炎是孩子春季的常见病，但它不传染。它的特点就是咳嗽，相对于普通感冒，比较麻烦的一点就是容易引起孩子喉头水肿，厉害了就会堵塞咽喉，不能正常呼吸。气不能正常地出入，肺功能就受到影响了，可能会因窒息而导致死亡，尤其是在晚上。喉炎多发于晚上，如果发现孩子咳嗽的声音不像普通的咳嗽，而出现声音嘶哑痛苦的咳嗽，一定要警惕，马上去医院就诊。比较有效的治疗是雾化激素或静脉点激素。医院里的大夫如发现喉炎患儿，处理起来也是比较谨慎的。

478. 宝宝夏天为什么会起痱子？

夏天气候炎热，气温比较高，湿度比较大，这时候孩子要出汗来排热。如果孩子汗出得太多，不容易挥发，汗毛孔就容易闭塞，排泄不通畅，就使得排汗管扩张破裂，在这个地方细菌局部繁殖，导致了汗毛孔处发生小丘疹、小疱疹，就形成了痱子。

479. 夏天怎么预防宝宝生痱子？

首先，要适当地控制孩子到户外活动的时间和活动量。夏天天气热，最好早晚凉爽的时候出去活动；中午温度高、湿度大，尽量不出去。其次，别做剧烈活动。剧烈活动时，排汗不通畅容易长痱子。有的孩子一哭、一闹、一急，两小时身上痱子全都出来了，这种情况要尽量避免。另外，还要创造凉爽、洁净的生活环境。室内注意空气要通畅，要通风、干燥。再就是衣着合适。小孩子穿衣服，尽量宽松肥大。在面料的选择上，要用吸水性比较强、透气性比较好的棉布。化纤的、牛仔的料子，夏天包在身上一点都不透气，容易增大孩子长痱子的几率。最后要注意勤给孩子换衣服。出汗了，衣服脏了，里头有些细菌容易感染皮肤，所以要勤换、勤洗。

480. 宝宝生了痱子家长该如何治疗、护理？

孩子长了痱子以后，没有特殊的治疗方法，关键是日常护理。首先要勤洗澡，把孩子身上的汗洗干净，使汗毛孔排汗通畅，也能减少在汗毛孔周围引起感染的病毒细菌的堆积。注意洗澡的时候水不要过凉，用太凉的水激孩子皮肤也容易长痱子，但也不要用热水

来烫痱子，最好用温水来洗澡。另外洗澡水里最好放几滴六神花露水或藿香正气液，这样可以预防痱子的发生，即便起了痱子，也可以起到减轻痛苦的作用。如果孩子痱子起得多、痒，怕孩子挠破了，可以抹一点擦剂，也可以用黄瓜片或西瓜啃完以后发绿的部分轻轻在痱子处擦一擦，一天 3～5 次，几天以后痱子就逐渐少了。但不要用油膏类的药物来擦痱子，因为它会把汗毛孔堵塞，导致排汗不通畅，更容易加重长痱子。

481. 宝宝生痱子后在饮食上要注意什么？

夏天湿热比较重，在饮食方面，可以给孩子喝一点西瓜汁、绿豆汤、冬瓜汤、荷叶粥，这些食物都可以清暑利湿。另外一定要少吃辛辣的食物，多补充水分，适当补充盐分。尽量不要给孩子吃膨化食品、炸薯条、炸虾条等。

482. 怎么区别痱子和湿疹？

痱子和湿疹不是一个病，它们在发病季节和分布区域上明显不一样。痱子一般在夏天长，冬天、春秋天没有。湿疹一年四季都可以有，由于有些孩子是过敏性体质，身上对某种东西过敏而起小红疙瘩。看上去痱子和湿疹差不多，都是红的，但是痱子除了在季节上和湿疹不一样之外，其分布是比较均匀的，一般在前胸、后背、脖子、额头上；而湿疹多数是在局部出现，它不会满身均匀分布，有时孩子脖子底下有一块湿疹，有时头上或耳朵后边有一块湿疹。得了湿疹，孩子比较痒，因为是过敏引起的，治疗起来要用抗过敏的药物。

妈妈篇

MAMAPIAN

1. 母乳喂养对宝宝和妈妈有什么好处？

第一，哺乳有助于妈妈子宫的收缩，减轻产妇疼痛，促进恶露排出。产后如果护士给产妇压子宫，这个疼痛是很难承受的，而生完宝宝后让宝宝吸吮乳房的疼痛是很轻的。第二，哺乳有助于产妇体型的恢复。很多女性认为哺乳会使自己变胖，这是错误的。现在很多母亲为了孕育健康的宝宝，进食了很多食物，造成脂肪在体内大量积聚，产后如果把体内积聚的这些热能化为乳汁，妈妈可以达到减肥的目的。第三，哺乳促进妈妈乳房健康。哺乳的时间越长，妈妈患乳房疾病的几率就越低。哺乳还可以预防卵巢癌、尿道感染、骨质疏松等疾病。母乳喂养对宝宝各方面的发展都有好处，又有利于妈妈，建议产妇生产后尽早哺乳。

2. 母乳喂养需要注意什么问题？哺乳的姿势什么样的好呢？

如果宝宝出生以后妈妈要进行母乳喂养，最好是在宝宝出生之后30分钟就要对乳头进行刺激，而且刺激的过程中要让宝宝张大嘴，把乳头和乳晕都含住，这样可以减少妈妈乳头的疼痛，孩子的吸附能力也比较强。妈妈抱孩子的时候建议首先托住孩子的后脑勺，其次是屁股，如果托住了这两个点，孩子在妈妈的手里抱得会比较稳。再就是在喂奶的过程中要注意把孩子抱好了，头的位置一定要比屁股的位置高一点，妈妈手的姿势要成剪刀式或是 C 状，把乳房托好，直接塞到孩子口中去。正确的哺乳姿势很重要，能减少很多麻烦和问题。

3. 哺乳期间女性能吃阿胶、龟苓膏之类的食品吗？

这样的食品首先要看是什么季节吃，什么样体质的人吃。如果宝宝的妈妈在哺乳期间确实贫血，或是身体比较虚弱，面色比较红，或是比较燥，口唇里面的津液比较少的话，这个时候进食了阿胶或

龟苓膏之类的食品反而起一些相反的作用。所以，要根据个人的体质情况来决定，不要盲目进补。

4. 妈妈月子里积过奶，这种情况与"挤奶"有什么区别？

这是两种完全不同的概念。"积奶"是说宝宝一次吃不空，下一次也吃不空，吃了好几天也没有把乳房里面的乳汁吃空，慢慢地它沉淀到乳房内了，这种情况实际上是乳汁瘀积。"挤奶"是乳房里面有乳汁，受到了重力的挤压，如喂孩子的过程当中不注意自己挤着了、碰着了，或是孩子的头部、拳头、脚直接撞击到乳房了。积奶与挤奶表现出来的症状虽不一样，但解决方法相同。挤了奶也好，乳汁淤积了也好，先让宝宝吃，连续喂。如果只发生在两个乳房的某一侧的话，可以在这一侧连续进行喂养，使乳房吃空。如果这个过程中妈妈发烧了，建议找专业的乳房保健师处理，或直接去医院就医。

5. 妈妈月子里积过奶，现在宝宝吸空乳房后特别疼，胀回来就好了，是怎么回事？

这种情况是比较常见的，实际上这种疼痛和积奶没有关系。有一些女性是在哺乳期之前甚至在没有怀孕之前，乳房就有慢性的乳腺炎症，到了哺乳期，如果乳汁充满了乳房，里面的乳腺管是互相不附着的，这个时候乳房不疼痛；等宝宝吃完了、吃空了，里边的乳腺管会黏和在一起，这个时候是比较疼痛的。可以吃一点消炎药，中成药里的消炎药会对这种症状有所缓解。

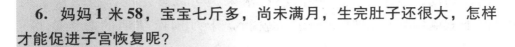

6. 妈妈1米58，宝宝七斤多，尚未满月，生完肚子还很大，怎样才能促进子宫恢复呢?

如果想让子宫恢复得好的话，妈妈可以喝点益母草等，促进子宫的恢复。妈妈1米58的个子，孩子出生体重七斤多，由此判断在怀孕期间妈妈可能腹壁撑得比较大，肌纤维伸张得比较厉害。产后可能需要较长的恢复时间，而且妈妈想恢复到原来的样子也不太可能，肚皮有一些松，可以穿一个紧身的内裤，做做产后操、仰卧起坐，这都有利于腹壁的恢复。

7. 坐月子饮食要注意什么? 其他还要注意什么?

坐月子主要通过饮食来调节妈妈的身体状况，营养就显得很重要。饮食上要按少量多餐的原则每天吃5~6顿，营养的摄入跟孕期没有太大区别。因为牵涉到哺乳，要多喝汤，加餐建议多做一些汤类食物。醋和酱油都不会对妈妈的刀口留疤有影响，吃海鲜也不会使刀口发，只是要注意别吃生冷、过夜的东西。夏天做了汤喝不了要放到冰箱里储存，再喝时需要高温加热。再就是茶、糖等东西，月子里不要摄入太多。建议妈妈多吃鱼类和富含蛋白的食物，蔬菜可以正常食用。避免添加味精，以免影响蛋白质的吸收。除了饮食，还要注意其他问题，如妈妈的卫生，洗脸、刷牙等正常的洗护都要做。产后还需要适度运动。

8. 坐月子喝汤要注意什么?

传统观念是喝汤时必须把油喝了奶才能下来，现在建议妈妈喝汤的时候把大油撇了去。我们是喝汤下奶，不是喝油下奶，这和以前的传统观念不一样。孩子吃母乳一定要早吃、多吃，如果喝很油的汤，脂肪球颗粒太大，孩子吃了以后腹泻的机会就大一些。妈妈一定要注意汤类的摄入，有条件的话一天可以喝2~3种汤，如喝鱼

汤、鸡汤，要多样化一些。还有水果是可以食用的，香蕉、苹果、橙子、草莓都可以吃，别过量就行，千万别像孕期的时候吃得那么多。

9. 坐月子期间，茴香、花椒、大料及韭菜、辣椒可不可以吃？

产后妈妈在坐月子的时候，母乳慢慢下的时候有一个过程，除了孩子刺激的过程，还有妈妈本身分泌的过程，在这期间，母乳还不是太稳定。茴香和花椒最好不要放。产后四五十天时，如果妈妈到饭店里偶尔吃个饭，里面放花椒了，也不会说奶一下就回去了，因为那时候奶分泌得已经很规律了，激素水平也慢慢恢复，影响不会太大。

韭菜和辣椒要根据每个人的情况来看。南方人可能在月子里、孕期都要吃辣椒；北方因为天气很干，我们不建议吃。韭菜和辣椒还是根据个体的差异而定吧。有的妈妈吃了韭菜胃泛酸、难受，就不要吃；有的妈妈吃了以后没事，就可以吃。这不是绝对的，韭菜是不会回奶的。

10. 坐月子期间要特别注意什么？

我们发现，有很多妈妈母乳喂养孩子的时候出现背发紧或发凉的情况。之所以这样，一方面是受凉，另一方面是体位不对。生完孩子以后，不管是坐着、躺着喂奶，喂母乳还是喂奶粉，首先妈妈必须要坐得舒适，孩子体重那么沉，抱他 5 分钟可能受得了，40 分钟就会觉得身体承受不了了，天长日久就容易造成妈妈腰疼、背疼。再就是建议妈妈产后适当穿衣。如果产后屋里很热或捂得太多，习惯了这个环境后，过了月子不捂这么多会觉得不舒服，觉得很凉。

11. 坐月子期间，一个月的时间产妇是不是不能洗头、洗澡？

这是不正确的。以前为什么不洗脸、不洗头？因为以前没有现在这么好的生活环境。实际生活中一个月不洗脸、不刷牙，产妇根本受不了。现在家里的暖气、浴霸都很完善，完全可以洗澡、洗头。当然，产妇洗澡的时候不要洗太长时间，注意保暖。再就是要选择洗淋浴，别洗盆浴。剖腹产的妈妈刀口拆线了，可能得半个月以后刀口才能完全见水。不洗澡的情况下，建议妈妈擦澡，这样对产后妈妈身体的卫生是有帮助的。

12. 生孩子已经20天了，到现在还流血，正常吗？

产妇分娩后，血液夹杂子宫蜕膜、胎盘附着物处蜕膜等坏死蜕膜等组织经阴道排出称为产后恶露。一般情况下，产后3周以内恶露即可排净，如果超过3周仍然淋漓不绝，即为"恶露不尽"。产后第一周，恶露的量较多，颜色鲜红，称为红色恶露。一周后至半个月内，恶露变为浅红色的浆液，此时的恶露称为浆性恶露。浆性恶露持续10天左右，浆液逐渐减少，白细胞增多，恶露变为白色恶露，持续3周干净。这种情况，要让孩子多吃妈妈的奶，促进子宫收缩。再就是让妈妈稍微活动活动。如果流血一天比一天多，没有间断，建议妈妈憋尿到医院做个B超看看。

13. 妈妈恶露持续时间长，42天B超没事，腹部偶尔发紧、疼，分泌物带颜色，正常吗？

孩子吃母乳时会引起子宫反射性的疼痛，只要42天查体没有异常情况，不是沥沥啦啦老流血，一般问题不是太大。

14. 生完宝宝之后，多长时间会来例假，要避孕吗？

月经恢复，每个人情况不一样，这是由于身体的激素水平不同造成的。哺乳期会造成激素水平的变化，建议在 42 天之内身体没有恢复到以前水平时不要同房。42 天之后，在哺乳期内泌乳素的分泌造成雌激素的分泌不是很旺盛，卵巢分泌的功能跟以前的水平不一样，虽然可以排卵，但不一定来月经。月经恢复需要一个过程，最早是在满月那一天，也有可能是在半年后，还有可能在孩子哺乳期间不来月经，这都正常。提醒妈妈在哺乳期一定要注意避孕。不能采用常人说的安全期避孕法，因为不知道什么时候排卵；喂奶期间也不能采取吃避孕药的方法；放环的时间是顺产 3 个月到半年以后，因此，就只有用避孕套避孕了。

15. 宝宝 3 个月了，母乳喂养，妈妈奶头一直疼，母乳很少，是什么原因呢？

新手妈妈哺乳时出现乳头疼较为常见，可以试用下面的办法：把花椒放在少量香油里面炸，看到花椒炸黑了之后，把花椒捞出来，香油单独放在一个小碗里面，光用香油。宝宝每次吃完奶以后，妈妈就把这个油涂抹在乳头上，拿一块保鲜膜盖住乳头，一直到乳头不疼了就可以不用了。孩子再吃奶的时候，提醒妈妈要把乳头擦干净。

如果觉得母乳少了，可能是因为身体问题。要好好休息，多喝水，多喝汤，一定要让宝宝多吃，才会刺激泌乳素的分泌。妈妈不要先让宝宝吃奶粉，一定先吃母乳，直到宝宝不吃了为止，以后如果孩子还哭闹，再给宝宝一点奶粉。

16. 孩子三个多月了，月子里经常抱着喂奶，妈妈总感觉背疼，是不是月子里落下毛病了？

背疼的原因很多，比如说受凉可以引起背疼，劳损也可以引起背疼。孩子已经这么大了，妈妈可以贴贴膏药或理疗、推拿。一般这种情况病变很少，可以治好。

17. 孩子4个月，妈妈哺乳期来月经会不会影响奶水的质量？

在哺乳期的前6个月，女性大部分是不来月经的，不过也有一部分母乳比较好的女性会来月经。来月经的这几天母乳的质量不如平时，其他的没有任何影响，家长不用担心。

18. 五个多月的宝宝咬过乳头，妈妈乳头和乳晕之间有几个裂口，喂奶时很疼，怎么办？

宝宝牙龈痒的时候就会咬乳头。出现了这种情况，妈妈可以轻轻扭孩子一下、打他一下或把他的口鼻贴在妈妈乳房上憋他一下，总之给孩子点"颜色"看，让孩子知道他的行为是错误的，以后就不会再这么做了。现在妈妈的乳头已经有一点裂口，如果不厉害的话，可以抹一些香油或橄榄油滋润一下，这样好得更快一些。如果

裂口很厉害，可以抹一些药物，比如红霉素或者金霉素之类的软膏，然后戴一个乳盾、乳头保护器，继续哺乳。

19. 母乳喂养婴儿的妈妈，在宝宝5个月、10个月、1岁时来了3次月经，量不多，正常吗？

正常。妈妈分娩以后泌乳和月经是两个系统控制的，一个是性腺轴，一个是泌乳轴，它们互相制约。正常的育龄妇女不怀孕时每月来月经，一旦给孩子哺乳，乳腺开始工作了，性腺暂时处于抑制状态；纯母乳喂养三四个月后，这两个轴处于互相竞争的状态，可以泌乳，也可以来月经。然后孩子到了八九个月时，尽管还是母乳喂养，因为人类有强烈的继续怀孕的愿望，性腺这个轴通过较量又占了上风，所以孩子妈妈又恢复了月经。但刚恢复月经的时候就像初潮一样不稳定，孩子1岁以后，乳汁逐渐减少，月经就逐渐恢复正常了。

20. 顺产之后多久可以游泳健身？

这要根据每个人的身体情况来定。生完孩子之后牵涉喂奶问题，游泳池不是很方便哺乳期的妈妈去。喂过奶的妈妈都知道，奶是随时分泌的，在一运动、一震颤的时候，可能会分泌得多一些，所以哺乳期的妈妈去游泳的确不方便。如果因为某种原因一定要游泳的话，要先让孩子吃或把奶挤空了，另外游泳池里的水还不能太凉。还是建议妈妈采取其他的运动方式，如有刀口的剖宫产的妈妈先做床上的局部运动，然后做轻度的腹肌锻炼，再做臀肌锻炼，一点一点来。恢复不错后还可以到健身房做操，当然也要把奶排空了再去，以避免对乳房造成损伤。

21. 第一胎是剖宫产的话，第二胎顺产能做到吗？

妈妈如果第一胎是剖宫产，第二胎一般建议仍然剖宫产。因为第一胎时子宫会有一定的疤痕，在第二次怀孕的时候，子宫的疤痕会慢慢地增大。妈妈在生产的时候，如果想顺产，由于子宫不能很好地收缩，会造成子宫有一定的损伤或破裂。再就是现在的孩子一般体重比较大，第二胎的孩子基本上要剖。像这种准妈妈还不能等到预产期，一般在 38 周或 39 周的时候就要住院手术了，不要等肚子疼了再去手术，以免引起子宫破裂或损伤。

22. 生了孩子以后妈妈脸上的雀斑越来越多了，有什么预防的办法吗？

很多妈妈认为自己长雀斑跟吃东西有关系，其实这跟饮食关系不大，而是和妈妈的激素水平有关。妈妈雀斑的问题没有很好的办法预防，就像妊娠纹一样，抹点妊娠纹霜虽可以预防，但不能说绝对有效。只能建议妈妈饮食尽量清淡一些。另外，现在市场上有很多专门针对孕产妇使用的化妆品，可以试用一下，但也不能保证雀斑不起或者消退。